어느 화학 교수의 강의노트

❷ 탄산가스

어느 화학 교수의 강의노트 – ❷ 탄산가스

발행일	2022년 12월 23일

지은이	김정균		
펴낸이	손형국		
펴낸곳	(주)북랩		
편집인	선일영	편집	정두철, 배진용, 김현아, 류휘석, 김가람
디자인	이현수, 김민하, 김영주, 안유경	제작	박기성, 황동현, 구성우, 권태련
마케팅	김회란, 박진관		
출판등록	2004. 12. 1(제2012-000051호)		
주소	서울특별시 금천구 가산디지털 1로 168, 우림라이온스밸리 B동 B113~114호, C동 B101호		
홈페이지	www.book.co.kr		
전화번호	(02)2026-5777	팩스	(02)2026-5747

ISBN	979-11-6836-644-2 03430 (종이책)		979-11-6836-645-9 05430 (전자책)

(주)북랩 성공출판의 파트너

북랩 홈페이지와 패밀리 사이트에서 다양한 출판 솔루션을 만나 보세요!

홈페이지 book.co.kr • **블로그** blog.naver.com/essaybook • **출판문의** book@book.co.kr

작가 연락처 문의 ▸ ask.book.co.kr

작가 연락처는 개인정보이므로 북랩에서 알려드릴 수 없습니다.

탄산가스의
오해와 진실을
밝히다

A lecture note of a chemist

생명을 담아 나르는 하늘의 요정

어느 화학 교수의 강의노트

김정균 지음

② 탄산가스

북랩

강의를 시작하며

다정하고 눈망울이 초롱초롱하던
아이들을 생각하며 이 강의를 준비했습니다.

마음이 따뜻하고 정이 많아
강단 위에 차 한 잔을 올려놓던
아이들을 생각하며 이 강의를 준비했습니다.

억새꽃이 하얗게 풍화한 산기슭에서 가을을 기다리던
아이들을 생각하며 이 강의를 준비했습니다.

지금은 어느 연구실에서 열심히 일하고 있을
사랑하는 제자들을 위하여 이 강의를 준비했습니다.

강보에 싸인 아이를 안고 찾아오는 제자를
기다리던 설렘으로 이 강의를 준비했습니다.

화학은 추억과 감사와 기다림과 바램 그리고 설렘이
담긴 바구니를 지키는 향기입니다.

2022년 10월
해운대에서…

감사의 말

　내 삶이 받은 향~수(享受), 김은주 도미니카의 기도 속으로 사랑과
감사를 보내며….

목차

PART 6.

생명을
담아 나르는
하늘의 요정:
탄산가스

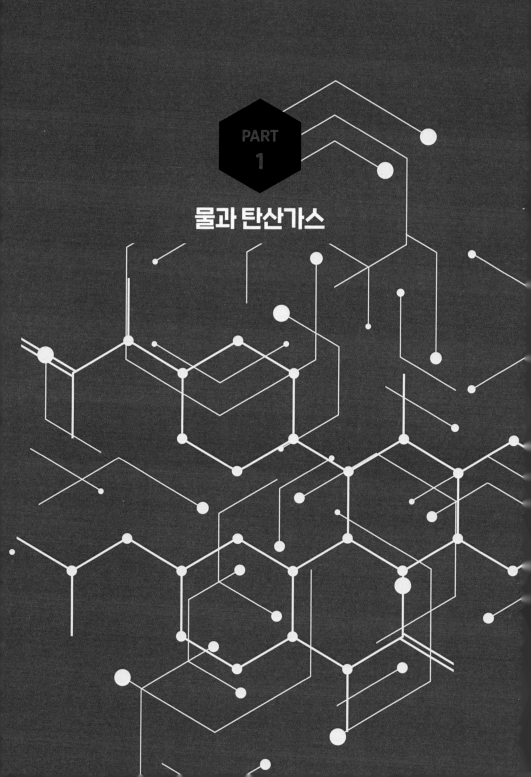

PART 1

물과 탄산가스

1

물과 탄산가스

탄산가스!

지구에서 없어져야 할 마귀 같은 존재입니까, 아니면 당장 싸워 무찔러야 할 오랑캐입니까? 만약 적과의 싸움에서 승자가 된다면, 아마도 그 포고문은 '탄소 중립 혹은 탄소 제로'라는 단어를 기필 코 포함할 것입니다.

패자이며 없애야 할 대상은 날숨마다 우리의 따뜻한 가슴에서 창공을 향해 떠나는 숨 속에도 있습니다. 내 가슴을 떠난 오랑캐 는 대기 중에 이미 존재하는 것보다 무려 백배나 더 많습니다. 그 것들은 또 우리의 혈액 속에서 우리에게 생명을 심어주고 사라져 가는 양자(量子)의 자식들입니다. 그런데도 그들은 왜 스스로 부재 (不在)의 길로 가야 합니까? 아니면, 자명소(自明疏)라도 써서 올려야 할까요?

대기 중에는 이 없어져야 할 적이 0.038퍼센트밖에 없습니다. 천 개의 기체 알갱이 중에 고작 서너 개에 불과합니다. 그러나 우리가 매 순간 내뿜는 날숨 속에는 무려 4퍼센트나 들어 있습니다. 대기 중의 농도보다 백배 더 많은 양입니다.

탄산가스가 없애야 할 적입니까? 그렇지 않습니다. 싸워 이겨야 할 대상도 아닙니다.

인류에게 행패를 부리는 떠돌이 부랑아도 아닙니다.

오히려 생물권의 설계자이며 건축가로서 지구에서 가장 중요한 임무를 수행하고 있는 분자로 우리의 생명을 쥐고 있는 주인입니다. 탄산가스가 없으면 식물이 먼저 사라집니다. 식물이 사라지면 동물도 사라집니다. 우리도 없습니다. 탄산가스는 더불어 살아가야 하는 우리의 이웃이며 동반자입니다.

그런데도 탄산가스의 긍정적 측면은 거의 거론되지 않습니다. 전문가들은 탄산가스가 발생하지 않는 삶에만 열을 올립니다. 탄산가스는 기후변화에 독소적 소재라고 큰 소리로 외칩니다. 그러나 우리는 탄산가스에 종속자로 살고 있습니다. 탄산가스와 인간은 서로서로 살피며 살아가야 할 상호성을 가진 존재입니다.

탄소 중립!

이해하기 힘든 정치적 용어입니다. 그리고 또 이루어질 수 없는 헛소리입니다. 그들은 없애고자 하는 물질이 어떤 가치를 가졌는지 알지 못합니다. 없애려는 의지는 전쟁터로 향하는 병사의 마음

갈을지 몰라도 성공할 수는 없습니다.

그들은 상호성을 이해하지 못하기 때문입니다. 인간과 자연, 인간과 식물, 식물과 동물 그리고 그사이에 놓인 오늘의 적 탄산가스 간의 상호성입니다.

탄산가스는 도대체 어떤 물질이고 어떤 특성을 가지며 자연과 인간에게 어떤 역할을 하고 있을까요?

(...)

학생들과 하던 대화였습니다. 그때를 추억하며 이 글을 씁니다.

이 책이 독자 여러분에게 샴페인 같은 청량함을 줄 수 있었으면 합니다. 그 속에도 탄산가스는 0.05퍼센트의 중량으로 들어 있으니까요.

1.1

창조는 심오한 법칙의 산물인가?

살아있는 것들의 탄생, 생존 그리고 죽음에 관한 설화(說話)는 생명을 잉태하여 품으로 안아주는 어머니 같은 물(H_2O)과 그것을 성장시키고 가꾸는 아버지 같은 탄산가스(CO_2)로부터 시작된다.

처음 우주가 생겨나고 높은 온도가 우주와 함께했을 때, 짧은 순간이었지만, 고열로 달궈진 우주 공간은 물질 그 이전의 것들의 시각적 질량감(visual weight filling)으로 채우고 있었다. 그러나 우주가 식어가자 뜨거운 혼돈(chaos)의 공간에 양성자(proton), 전자(electron), 중양성자(deuteron), 알파입자(α-particle)와 알려지지 않은 입자들이 모습을 드러냈다. 그리고 이어 하나의 양성자와 하나의 전자가 모여 수소(hydrogen)를 만들었다. 수소는 모든 물질의 근본으로 행세할 물질의 질료(質料)로 우주가 혼돈 속에 있던 동안 일어난 핵반응의 결과물이 아니다. 분자가 형성되듯 두 개의 동종 혹은 이종 알갱이가 만나 하나가 된 것도 아니다. 그것은 마치 푸른 개와 암사슴의 사랑처럼 빛과 색의 섞임이었다.

수소는 핵과 전자라는 두 이종 성분이 모여 만든 만물 중, 가장 먼저 태어난 양자의 일 세대 자식이다. 작고 보잘것없는 한 점과 빛의 속도로 움직이는 전자로 만들어진 수소 알갱이가 일순간에 우주를 가득 채웠다. 그리고 우주의 주인이 되었다. 그들은 지금도 우주 질량의 75퍼센트를 차지하고 있는 가장 큰 집단으로 범접할 수 없는 우주의 주인이다. 이 위대한 주인이 만든 물은 지구상에서 생명이 자라는 곳이면 어디나 존재하는 흔하디흔한 피조물이다. 그러기에 물은 세상의 다양한 소리를 담고 있다. 탈레스(Thales. BC 624?~544?)[1]는 세상을 구성하는 물질의 근원을 물(水)이라 했으며 경험적으로 파악된 물질적 질료[2]라고도 했다. 중국의 춘추전국시대의 관중(管仲, BC 725~645)[3]이 쓴 『관자(管子)』에서도 물은 만물의 본원(本源)이며 생명의 종실(宗室)이라고 했다. 모든 물질은 木(목), 火(화), 土(토), 金(금), 水(수)로 구성되어 있다는 중국의 오행설[4]과 인도의 사대설[5](地, 水, 火, 風)에도 물은 생명을 이어가고 키우는 최고의 가치로 인정하고 있다. 덕(德)과 예(禮)가 삶의 중심이던 중국의 전국시대의 노자(老子)의 도덕경(道德經)에도 상선약수(上善若水)[6]라는 기록이 있다. 비교적 우리와 가까운 시대를 살았던 헤르만 헤세(Hermann Hesse, 1877~1962)도 "물은 생명의 소리요, 영원히 만물을 생성하는 소리다." 라 했다(싯다르타, Siddhartha).[7] 이처럼 고금 동서(古今東西) 석학들의 중언부언(重言復言)을 통해서도 물은 흔하지만,

어느 화학 교수의 강의노트-2 탄산가스

인류의 삶에 꼭 필요한 현존임에 틀림이 없다. 물은 또 네레우스(Nereus)[8]의 영혼 같아 사위(詐僞)와 꿈 사이를 수천 년 동안 회자하던 개별자들이다.

탄산가스도 하늘과 땅과 바위 그리고 강과 바닷속까지 고루고루 퍼져있는 지극히 평범한 물질이다. 너무나 평범한 나머지 가끔은 그 존재마저도 잊힌 붙박이들이지만 과학자들은 이들을 대기권(大氣圈, Atmosphere), 지권(地券, Lithosphere) 그리고 수권(水圈, Hydrosphere)에 존재하는 가장 위대한 자연의 구성 요소라 주장하고 있다. 왜냐하면 이들은 자연계를 운영하는 생명의 섭리(攝理)를 담고 있기 때문이다. 그러나 골산의 능선 같은 여러 표정을 품어야 하는 이들의 탄생 과정은 사랑과 부드러움 그리고 극진한 축복 같이 변하지 않는 사제(四諦)는 아니었다. 그들은 계(system)의 밖으로 버려진 재(ashes)로 세상에 왔기 때문이다. 우리는 이 버려진 흔들리는 미망(迷妄)의 토대 위에서 그들이 만들어 주는 먹거리로 먹고 숨 쉬며 살고 있다. 수소가 산소를 만나 만들어진 물은 우주를 감싸던 고열과 강력한 빛과 폭발이 지배하던 원시 우주의 혼돈이 지난 다음 분자를 만드는 과정을 통해서 세상에 왔다. 원시 우주에서 핵반응이 여기저기에서 진행되고 있었던 당시를 우주의 불꽃놀이라 표현한 과학자도 있지만, 이것은 해수욕장의 밤하늘을 장식하는 불꽃놀이와는 근본이 다른 자연 현상이다.[9] 핵반응 과정에서 생겨난 원자들은 근본이 어딘지를 모른다. 그들은 융합이라는 과정을 겪었기 때문이다. 그러나 물은 수소의 핵과 산소의 핵을 그대로 두고 그 주위를 포위하고 있던 병정(전자)들이 빛의 속도로 움직여 핵을 둘러싸 하나로 만든 전자들의 운영 방식으로 태어난 핵과 전자의 자식이다. 이 방식은 그때까지 우주에서 일어났던 핵반응과는 근본이 다른 자연현상이다. 분자를 만드는 방법으로 물을 만든 수소와 산소는 아마도 대칭성이 뚜렷하고 아름다웠던 원래의 자리로 돌아가길 간절히 바랐을 것이다. 그러나 이들은 서로 만나는 찰나(刹那), 가졌던 모든 것은 빛과 열로 날아가 버렸다. 그들을 떠난 큰 에너지는 그들이 머물던 집마저 태워버렸다. 모든 것을 잃어버린 그들은 이제 빈 껍데기로 남겨졌다. 타고 남겨진 빈집. 이것이 물이다. 물은 자신을 구성하던 원자들이 가졌던 소중함을, 붉게 타던 빛과 열 그리고 헤아리기조차 어려운 혼돈 속으로 날려버리고 재(ashes)로 남은 존재들이다. 타고 남은 재. 이것이 그들의 참모습이다. 그런데도 그들은 과거로 돌아가는 길에 판돈을 걸었다. 하지만 거대한 불기둥은 노름꾼들의 마지막 패까지도 삼켜버렸다. 그리고 에너지의 능선을 따라 흐르는, 깊은 계곡으로 추락하듯 버려진 하찮은 존재. 구부정하고 볼품없는 그릇에 생명의 지향성을 담은 껍데기. 이것이 물이다. 탄산가스도 모든 화합물이 그러하듯 탄소가 가졌던 에너지를 모두 태우는 발열 반응으로 세상에 왔다. 탄소가 탄산가스로 전환되는 이 과정은 그가 가졌던 모든 에너지를 화염 속에 버리는 과정에서 시작되었다. 초라하고 보잘 것없는 에너지의 빈 깡통, 이것이 탄산가스다. 그는 현존(現存)에 필요한 최소한의 에너지만을 가진 재(ashes)로 남겨졌기 때문이다. 물의 처지와 같다. 이 과정에도 엔트로피는 많이 증가하였다.

모든 원자가 거쳐야 하는 길이지만, 원자가 분자로 변하는 과정에는

원자 시절에 가졌던 둥근 전 대칭(total symmetry)의 아름다움의 가치
는 모두 버려야 했다. 그들이 가졌던 가장 선명하고 완벽했던 물리적
가치도 버려야 했다. 많은 양의 에너지도 버려야 했다. 그 길은 엔트로
피가 흐르는 방향이기 때문이다. 버리지 않으면 그들은 흐를 수가 없
다. 가진 게 많기 때문이다. 그들은 모든 것을 다 버렸다. 그리고 그들
은 신기루 속으로 숨어드는 흐름과 함께 우주의 한가운데에서 가벼움
으로 태어났다. 가진 것이 아무것도 없는 그들은 살아남기 위해서는
솔로몬 같은 지혜가 필요했다. 그들은 집단행동을 해야 하고 서로에게
추파를 던져야 하고 협잡을 해야 하고 주위의 비웃음을 참아야 하고
일해야 하는 하찮은 존재가 되어 버렸다. 살아있는 생명을 가슴으로
품고 키워야 하는 물과 탄산가스의 탄생은 이렇게 시작부터가 유별
(unusual)나다. 그래서 이들의 탄생 설화(層話)는 몽골의 창세 신화처럼
아름답다.

> 파랗고 하얀 개 한 마리가 초원에 나타났습니다. 하늘은 그 개의 운명
> 을 미리 정해주었습니다.
> 그 개의 짝은 암사슴이었습니다.
> 　(…)
> 자연의 법칙에 따르면 한쪽이 다른 한쪽을 파괴해야 합니다.
> 그들의 사랑은 이렇게 모순 속에서 탄생합니다.
> 그러나 그 사랑은 선도 악도 아닙니다. 오직 심오한 법칙일 뿐입니다.[10]

1.2

질료(質料)

　질료(質料)는 형식을 갖추면 비로소 사물의 재료가 되는 실제적 사물(事物)을 말한다.[11] 물과 탄산가스는 자연의 가장 근본적 질료들이다. 이들은 모두 생명체를 구성하는 기본재료이기 때문이다. 생명은 물 없이는 살 수 없고, 탄산가스 없이는 살아갈 에너지를 공급받을 수 없다.

　원자들은 혼자일 수가 없다면 다른 원자를 받아들여야 한다. '받아들임' 그것은 원자들이 분자로 향하는 첫걸음이자 빛과 색의 시작이다. 여기서 핵의 능력은 제외된다. 그 능력은 온도의 함수로서 이미 원시 우주에서 제한되어버렸기 때문이다. 분자가 되는 과정은 원자와 원자 사이의 전자 교환이 이루어져 탄생한 새로움을, 그들을 구성하는 질료들보다 낮은 곳(에너지 상태)에 갈무리 하며 시작된다. 분자가 도착한 낮은 곳은 위치가 낮아 원자보다 안전한 상태에 있다. 이 새로움은 엔트로피가 증가하는 길목에 놓인 흐름 속에 있어 낮은 곳으로, 그 흐름이 멈출 때까지 계속된다. 이 흐름은 탄소가 가졌던 온전함도 수소가 가졌던 화려함도 다른 원자들의 온전함도 더 이상 보존해 주지 못한다. 그들은 껍질 속의 남겨진 재로 머무는 데 만족해야 한다. 속이 비어버린 에너지 껍질 속의 재, 이것이 그들의 현존이다. 그러나 이들은 다시 자연을 푸르게 하고 생명을 성장시키는 자연의 질료가 된다. 모든 생명체는 그 잿더미 위에서 안전함을 느낀다. 그리고 그 위에서 생명은 태어나고 살아간다.

물이 되는 과정에 휘둘린 수소는 간신히 홀로 자존할 정도의 에너지를 제외하고 나머지 모든 것은 다 버렸다. 그리고 남겨진 빈 그릇, 그 위로 펼쳐지는 물의 춤사위는 그들의 본능이 주위를 향해 던진 추파나 다름없다. 살아남기 위한 추파, 그것은 서로를 연결하고 여럿이 모여 하나의 공동체를 만드는 힘이 되었다. 서로를 묶어주는 힘은 역설적이지만, 생명을 잉태하고 키워내는 위대함으로 그들을 인도하고 있다.

수소결합(hydrogen bond)이라 한다. 그들은 전자라는 병정들이 모여 만든 성벽(공동경비구역) 밖의 힘이다. 그러므로 그들 사이에는 공유해야 할 재산도, 싸워야 할 이유도 없다. 빛의 속도로 움직여 성벽을 쌓아 만들어진 물을 지키는 병사들(전자)은 그들의 설계도에 기록된 전자의 벽을 넘지 않는다. 물을 공격해오는 다른 물의 병정들은 성벽 밖에서 안쪽의 동태만 살피고 있다. 이 현존하는 그림이 수소결합이다. 화학에서 공유란 전자 하나를 너와 나의 공동경비구역 안에 두고 둘이 공동으로 운영하는 방식이다. 서로에게서 투자된 전자는 너의 것도 나의 것도 아니지만 우리의 것이다. 초기 그리스도 공동체의 운영 방식이 이와 같았다고 한다. 수소결합은 공유하지 않는 끌림이다. 끌림은 공유보다 약한 물리적 힘에 해당한다. 그런데도 수소결합만큼 자연에 크게 영향을 주는 인자도 없다. 그 힘은 공유보다 약해 전자의 벽을 넘지 못하는 부족함에서 나온다. 물과 탄산가스가 모여 탄산을 만드는 과정에도 그 힘은 작용한다. 물이 집단을 이루어 액체가 되는 과정에도 이 이끌림은 작용한다. 만약 이 힘이 작용하지 않았다면 한 방울의 물도 지구에는 남아있지 않았을 것이다. 하늘을 떠도는 수중기도 이끌림이 없었다면 한 방울의 비도 뿌려주지 못했을 것이다. 고체인 얼음도 이끌림이 없었다면 물 위에 뜨지 못했을 것이다. 초기 지구에서 물이 끓어 지각에 머물지 못할 때도 물은 지구의 하늘을 떠나지 못했다. 그들은 서로 묶어주는 이 물리적 힘으로 남겨져 다시 지구로 돌아와 모든 생명의 질료가 되었다. 그리고 그들이 택한 길은 투쟁이 아니라 공생이다. 그리고 스스로 노래한다. 우리 사이, 좋은 사이. 분자 사이다!

아리스토텔레스는 질료(質料)를 형상과 함께 존재하는 근본이라 했다.[12] 물과 탄산가스는 자연의 가장 밑바탕에 현존하는 근본적 질료들이다. 이들이 생명체를 구성하는 가장 원시적 재료이기 때문이다. 생명은 물 없이는 존재할 수 없다. 그리고 그 속으로 공급되는 에너지는 탄소 없이는 불가능하다. 생명체가 살아있다면 물과 탄산가스는 모든 생명을 담아 나르는 네레우스(Nereus)의 질료들이다. 생명의 원소, 탄소는 탄산가스가 아니었다면 생명체로 입성할 수가 없다. 이 녹색 공장은 입구가 작은 나노 크기이지만, 그가 지키는 작은 문을 통과해야만 생명으로 진입할 수가 있다. 작은 문으로 들어가라! 그곳엔 하늘에서 뿌려주는 빛의 알갱이들로 운영되는 작디작은(micro) 녹색 공장들이 있다. 탄산가스와 물은 빛의 도움으로 첫 관문인 나노 공장을 거쳐 생명체로 입성하여 식물의 혈관 속에서 성장하고 생명이 필요로 하는 모든 것의 질료가 된다. 이 녹색 공장에는 태양의 향기가 난다.

상호성(相互性, reciprocity)

탄산가스는 언론계 스타가 되었다. 현대인들은 "탄산가스는 실질적인 물질이 아니라, 언론에서 다루는 테마일 뿐이다"라고 말할지도 모른다. 그러나 탄산가스를 모른다고 해도 상관이 없다. 언론에서 모두 알려 주니까. 그러나 언론은 알아야 할 탄산가스의 소명은 알려주지 않고 인기 있는 것만 보도한다. [13]

'탄산가스의 배출'이라는 표현은 탄소 혹은 탄소 화합물의 연소 과정에서 발생하는 타고 남겨진 에너지를 버리는 화학 작용의 다른 표현이다. 연소 과정 즉 산화 과정이란 산소와 결합하는 모든 원소와 무기물 그리고 유기물이 안정화하는 길이다. 안정화(stabilization)란 낮은 에너지 상태로 향해가는 원자들에게는 신생한 화학 과정으로, 가진 모든 에너지를 버리는 과정이다. 이 버림을 이끌어가는 원자는 산소다. 특히 탄소에 적용되는 이 과정은 지극히 자발적이며 인류가 빛과 열을 얻기 위한 에너지원으로 태곳적부터 사용해 온 인류에게 이미 각인된 화학 반응 중의 하나이다. 물질이 산소와 결합하면 산화물을 만들지만, 남겨진 산화물은 에너지가 떠나버린 원소들의 빈 껍질로 버려진 재(ashes)와 같다. 탄산가스가 그렇다. 버려진 이 기체의 현주소는 '부정적'이다. 그러나 많은 인구에 회자하는 부정적이라는 표현에는 동의할 수가 없다. 왜냐하면 탄산가스는 연소 과정에서 버려지는 쓰레기임은 분명하지만, 생명을 유지하기 위해서는 꼭 필요한 생명의 질료(質料)이기 때문이다. 우리 몸에 영양분이 필요하듯 탄산가스는 바이오매스에 에너지를 공급하는 핵심적 역할을 하고 있다. 그러므로 지구상의 모든 식물은 탄산가스 없이는 현존할 수가 없다. 식물이 없으면 동물도 없다. 모든 생명체의 에너지 공급원은 탄소이며 동물의 골격도 탄소 소재로 이루어져 있다. 그 공급원은 에너지의 빈 껍질 탄산가스만이 할 수 있다. 일부일 수도 있지만 탄산가스에 대한 부정적 견해는 바이오매스의 역할보다는 환경적인 접근이 우선이라는 잘못에서 오는 오해라고 할 수 있다. 이 상호성에 편견이 있어서는 안 된다.

생명체가 없던 원시 지구에서 대기의 구성 요소 중에는 탄산가스의 농도가 30퍼센트나 되었다는 것은 이미 알려져 있다. 그렇다면 탄산가스는 광합성이 시작되기 전 원시 지구에서 어떤 일을 해왔을까? 탄산가스는 먼저 물과의 반응에서 탄산(H_2CO_3)이 되었고 산의 성질을 가진 이 물질은 땅과 바위 그리고 물속의 무기 이온들과 다시 반응하여 탄산염들[($M(CO_3)_2$, $M_2CO_3\cdots$.)]을 만들었다. 대기 중의 탄산가스가 물속으로 사라지던 시기의 일부 기록이지만, 2억 5천만 년~1억 2천만 년 사이에 형성된 돌로마이트[14] 화석에는 이 변화 과정이 선명하게 퇴적되어 있다. 탄산가스는 유기 생명체의 등장으로 대기 중에서 빠르게 감소하였다. 특히 약 4억 2천에서 7천만 년 전 바다에서 육지로 식물의 자생 환경이 변하면서 그 감소 속도는 더 증가했다. 탄산가스가 대기 중에 많은 양이 있던 시절 육지에 나타난 맨 처음 식물은 잎이 없는 줄기만으로 구성된 원기둥 같은 모양이었다. 그러나 식물의 성장 속도가 점차 줄어들 때쯤엔 식물은 창구를 넓힌 잎을 가진 생명체로 진화하였다. 대기권의 탄산가스가 줄었기 때문이다.

지구상에 30퍼센트나 되던 탄산가스는 지구의 진화 과정에서 지권과 수권 그리고 많은 양이 생물권으로 흡수되면서 현재는 존재 자체가 무시될 정도의 작은 양, 0.038퍼센트라는 미량 성분이 대기 중에 남아있다. 특히 지권과 수권의 영역에 존재하던 탄산가스는 탄산염을 형성하여 생명체에 나누어 주는 생물학적 광물생성작용(biomineralization)[15]으로 동물 골격에 탄산염의 흔적을 뚜렷하게 각인시켰다. 이로써 탄소는 생명체에 에너지를 공급하는 용도와 함께 생명체의 골격을 이루는 기본적 질료가 되었다. 지구의 진화 과정에서 유기 생명체가 나타나 산소를 소비해주고 탄산가스는 식물이 흡수하는, 이른바 탄소와 산소 사이에 평형이 시작된 시기는 오래전으로 거슬러 올라간다. 식물은 탄산가스를 받아들이고 물을 분해하여 생산한 산소를 대기 중으로 내보내면, 동물은 그것으로 유기물을 분해하여 그들이 살아가는 에너지를 얻고 그들이 생산해 낸 또 다른 폐기물(탄산가스)을 다시 대기 중으로 버리는 공생이 이루어진 것이다. 이 기적과 같은 윤회는 물이 있어 가능했다. 무엇보다도 하늘에서 쏟아지는 빛의 에너지 다발은 생명체를 지상으로 불러올리는 데 꼭 필요한 조건을 제공해 주었다. 여기에 탄산가스의 순환은 평형(equilibrium)이라는 기구(mechanism)로 오랫동안 유지되어 왔다. 그러나 현존하는 인구는 평형이 기울고 있다는 비통함만 쏟아내고 있다. 이것이 오해의 시작이다. 탄산가스의 순기능에 대한 견해는 그 속에 묻혀 버리고 이 가스가 지구 환경의 파괴범으로 몰리기 시작한 것도 이때부터다.

그러나 식물은 동물의 쓰레기를, 그리고 동물은 식물이 버린 나노 공장의 폐기물로 살아가고 있는 이 감출 수 없는 상호성을 환경학자의 눈으로만 보지 않기를 바랄 뿐이다.

1.4

수줍은 소녀의 이름은 양자(quantum)

> 그대 영혼이 나타내는 빛나는 상상력이 도약의 이미지로 구체화 될
> 것이다.
>
> - 괴테

　원시 우주에서 원자들이 열에 의해 깨어지고 합해지던 핵반응이 활발하던 시기에는 분자가 존재하지 않았다. 우주를 지배하던 고열 속의 높은 에너지가 분자들만이 가질 수 있는 전자 울타리를 허용하지 않았기 때문이다. 그러나 우주가 식어 더 이상 핵반응을 수행할 열적 조건이 사라지자 우주의 불꽃놀이는 서서히 멈췄고 현재 주기율표에 기록된 원자들은 그때의 상태와 양으로 우주에 남게 되었다. 이렇게 원자들이 가지고 있던 핵의 활동이 정지되자, 온도에 따라 유유(唯唯)하던 자연은 그다음 단계의 새로운 세상을 설계하기 시작하였다. 이 새로움

을 찾아 헤매는 진화의 이카로스(Icarus)는 현존하는 시간의 사실성을 외면할 수 없었기 때문이다. 이들이 내놓은 설계도는 열적 조건이 사라진 핵의 둘레를 지키던 전자라는 병정들을 움직여 새로움을 창조하는 신기술이다. 분자였다. 분자라는 양자들의 궁전은 빛의 속도로 움직이는 전자들이 만든 창조물이다. 이 양자들의 집은 원자처럼 둥글고 대칭성이 뚜렷한(total symmetric) 모양은 아니라 스머프가 숲속에 지은 버섯집처럼 다양한 모양과 방식을 가지고 있다. 이것이 지금까지 이어져 온 양자들의 보금자리다. 세상의 변화가 핵 중심에서 전자 중심으로 옮겨갔다. 우주의 역사에서 언제쯤 일어난 일인가는 확실치 않지만, 이 전환은 뉴턴역학에서 양자역학으로의 전환보다 더 큰 변화를 온누리에 가져왔다. 주도권을 잃어버린 핵은 뒷전으로 물러나고, 그 앞을 지키는 전자들은 그들이 가진 운동성을 이용하여 성벽을 쌓아 자신들의 왕국을 건설했다. '분자라는 왕국'의 외각 성벽을 쌓은, 빛의 속도로 달리는 병정들을 살피는 학문이 화학이다. 화학자들은 가장 작은 수소 분자에서부터 자연에 존재하는 커다란 DNA와 같은 큰 분자에 이르기까지 전자 하나의 출입을 살펴야 하는 양자들의 파수꾼이다. 그 과정에서 전자 하나가 잘못 오가는 실수는 허용되지 않는다. 모든 화학 과정에서 양자들은 수학적 규칙을 온전히 따르기 때문이다. 이 수학적 질서가 새로운 전자들의 세상을 지키고 관리하는 기본적 운영자라면, 그들이 가시적으로 내보인 얼굴은 미학적 허상처럼 맹랑하다.

분자는 원자들이 가진 여러 개의 전자 중에서 하나가 움직여 만든 피조물이다. 그리고 그 하나의 이동을 추적하는 것이 화학자들의 일이다. 전자 하나의 이동을 인위적으로 조정할 수는 없다. 다만 그들이 움직일 수 있는 통로를 열어주는 역할은 화학자들도 할 수 있다. 어쩌면 그 길은 매우 간단할 수도 있다. 그러나 이들은 거시 세계(macro-system)의 것이 아니다. 이 새로운 세상은 양자화된 미시 세계(micro-system)에 속해 허상처럼 보인다. 따라서 분자의 세상은 우리의 오감으로는 관찰할 수 있는 대상이 아니다. 현존하는 추적자는 수학이라는 걸리버의 눈 같은 것이지만 그가 들여다본 소인국의 세상도 그러했을까? 우리에게 이 미시 세계는 혼곤하고 몽롱한 신기루처럼 다가왔다가, 아른거리는 실루엣 뒤로 숨어드는 수줍은 소녀와 같다.

과학자들은 이 소녀를 사랑했다. 그리고 그녀의 이름을 양자(quantum)라 불러주었다. 그들은 지금까지도 완벽하게 해독되지 않은 허수의 공간에서 그녀를 기다리고 있다.

1.5

양다리 작전: 수소결합

그들은 섞이지 않았다. 그러나 상대에게 추파를 던져 자신의 영향권으로 끌어들이는 술수로 결합처럼 단단하게 서로를 연결했다. 이 물리 현상이 수소결합이다. 애절하지만 넘을 수는 없는 울타리 안의 소녀와 소통하는 울타리 밖 사내의 사랑 같은 것이다. 그들은 담을 사이에 두고 "우리 사이, 좋은 사이. 분자 사이다!"라고 속삭인다.

수소결합은 공유(covalent)가 아니라 끌림(attraction)이다. 그러나 끌림이 만들어 가는 세상은 약방 감초처럼 자연의 여러 곳에 영향을 미치고 있다. 결혼하기 전 남녀 사이의 허술한 관계도 그러지 않았을까? 한 분자 안의 전자들이 상대 분자에게 추파를 던져 자신의 영향권으로 끌어들여 동여매 연결하는 물리 현상이 수소결합이다. 물에서 특히 강하게 나타나는 이 결합은 고체인 얼음 그리고 기체인 수증기까지도 똑같이 나타내는 성질이다. 이것은 물 한두 분자에 제한적으로 일어나는 현상이 아니라, 물이 담겨있는 그릇 안의 물 분자 모두에게 적용되는, 해석이 잘된 규칙 같은 것이다. 물의 현존이 찻잔이든 태평양이든 상관하지 않는다. 물론 생명의 한가운데서도 그 힘은 존재한다. 모든 생물은 물에서 태어나고 물에서 성장하고 수소결합의 영향권 안에서 행동하고 존재하는 피조물이기 때문이다.

원자들은 모두 전기 음성도라는 정해진 고윳값을 가지고 있다. 그 값은 원자가 가진 전자들이 얼마나 핵 쪽으로 치우쳐 있는지를 나타내는 상대적 지표이다. 물 분자에서 이 값을 비교해 보면 산소는 그 값이 3.5이고 수소는 2.2이다. 산소와 수소만으로 이루어진 O-H 결합에서 산소와 수소 간의 전기 음성도의 차이는 1.3이다. 이 지표에 의하면 물을 구성하는 전자들은 산소 쪽에 더 많이(1.3이라는 지수만큼) 치우쳐 있어 수소는 가졌던 전자마저 산소 쪽으로 빼앗기는 막막한 공간이 된다. 이 신생한 물의 가시적 모습은 수소의 핵을 지켜야 할 전자들이 산소를 향해 있어 그 주위는 전자들로 북새통이고, 수소의 변두리는 적막강산이나 다름없다. 이 상태에서는 물은 불안전하여 외각 조직이 붕괴할 수도 있다(전자껍질이 무너져 O^-와 H^+로 나누어짐). 이 상황이 보완되지 않으면 물은 물로 행세할 수가 없다. 여기에 자연은 산과 염기라는 잘 해독된 지혜로 이곳을 보수한다.

물 분자의 구성에서 산소는 수소로부터 당겨온 나머지 전자만큼 음의 성질을 갖는 염기(δ^-)로 작용하고 수소는 빼앗긴 것만큼 산(δ^+)으로 작용하고 있다. 수소결합은 바로 변방의 성질을 이용하고 있다. 그림으로 그려 보면, $H^{\delta+}O^{2\delta-}H^{\delta+}$가 물의 현재 처한 정성적 전자 상태이다. 이 불안한 상황을 해소하기 위해 이들이 택한 연합은 전자들이 모여있는 산소를 이웃하는 물의 수소 쪽에 노출해 그들의 관심을 유도하는 것에서부터 시작된다. 그들이 움직여 만든 관심이란 $(H_2^{2\delta+}O^{2\delta-}\cdots H^{\delta+}O^{2\delta-}H^{\delta+})_n$ 과 같이 O와 H사이의 점선으로 표시된 부분을 새롭게 만드는 것이다. 이들을 계속해서 이렇게 구획과 간격을 만들면, 물 분자는 우리가 감각으로 느끼는 현존하는 물로 성장하게 된다. 이 분자 집단이 수소결합이다. 이 환경 속의 물 분자 사이에서는 오직 서로 간에 빼앗고 빼앗기는 물리량만 있을 뿐, 화학 결합처럼 두 그릇(orbital)에 담긴 전자들을 하나로 섞는 일은 없다. 울타리 안의 소녀와 울타리 밖 남자 사이의 소통은 오직 전자 울타리를 사이에 두고 가능하다. 울타리를 넘어가는 로미오의 사랑 같은 로맨스(romance)의 사랑법은 아니다. 그들은 냉정한 선비 행세를 한다. "누구든지 가진 자는 더 받아 넉넉해지고, 가진 것이 없는 자는 가진 것마저 빼앗길 것이다."[16] 라는 성경의 기록처럼 자연은 그 질서를 따르고 있다. 물 분자에서 가진 자는 산소 원자이며 수소 원자는 빼앗기는 자다. 그리고 이 자연의 법칙대로 존재한다. 모든 것을 빼앗겨버린 수소는 산소라는 크고 단단한 원자들 사이에서 살아남기 위한 거래를 시작한다. 수소결합을 이용해 양다리 작전이라는 새로운 계략을 내놓은 것이다. 이 거래에서는 물 분자의 산소가 주도권을 수소에게 빼앗겨버렸다. 분자의 환경이 산소에서 수소 중심으로 옮겨간 것이다. '-O-H⋯O-' 이것은 물 분자가 수소결합(hydrogen bond)을 골격으로 한 물의 집단을 만들기 위해 내놓은 양다리 설계도이다. 여기서 '물의 집단'이라는 표현은 물의 구성 중에 점선 부분이 나타내는 끌림이라는 물리 현상 때문에 붙인 이름이다. 실선(-)은 화학 결합(chemical bonding)이며 점선(…)은 화학적 힘(chemical force)이다. 이런 현상이 물의 여러 분자를 통해 계속하여 연결되면 물은 커다란 분자처럼 성장할 수가 있다. 이 양다리 결합에서 3c2e(3-centered 2-electron bond: 원자는 셋인데 그들을 꿰매는 전자는 둘뿐) 법칙이라는 새로운 결합이 탄생한다. 수소는 원래 오직 하나뿐인 전자 공간(orbital)을 가지고 있어 2개의 전자만 수용해야 한다. 이른바 편수 결합이 바로 그것이다. 그러나 3원자(-O-H…O-)로 이루어진 양다리 작전 핵심부의 설계도를 들여다보면 수소의 주위에는 4개의 전자가 있는 것처럼 보인다. 하지만 불가능하다. 수소가 가진 오비탈은 4개의 전자를 수용할 수 없기 때문이다. 그런데도 이런 표현이 가능한 것은 수소 주위에는 결합과 끌림 사이에 오직 2개의 전자만이 중앙 수소 주위에 있다는 숨은 계략이 있어 가능하다. O-H 결합 속에 들어있던 전자는 힘 있는 산소가 가져가 버렸고, 굳이 표현하자면 $O^{\delta-} \leftarrow H^{\delta+}$이고, 수소 주위의 빈 곳을 살며시 인접한 다른 물의 산소가 그 자리를 채웠지만 $H^{\delta+} \cdots O^{\delta-}$, 채권자는 채무를 완전히 면해주지 않았다. 그들은 그 상태로 멈춰야만 하기 때문이다. 여기서 더 진행하여 물 분자들이 분해하고 합해지는 그런 모습은 여기엔 없다. 그 상황을 표현하자면, 물을 지키던 병정들은 산소 쪽으로 가버렸고 인접한 물 분자의 병정들이 울타리 밖에서 양팔을 벌리고 정돈된 모양새가 수소결합이다($O^{\delta-} \leftarrow H^{\delta+} \cdots O^{\delta-}$). 그리고 비굴하지만 외친다. 우리 사이, 좋은 사이. 분자 사이다!

물은 H_2O라는 화학식으로 세상에 왔다. 그리고 온누리를 채웠다. 만약 이 물 분자가 단분자로 존재한다면 메탄(비점: −161.2°C)보다 가벼워 지상에는 단 한 분자도 남아 있지 않았을 것이다. 그러나 물은 수소의 양다리 전략으로 비점을 높여 지상에서 1기압 아래에서 1백 도나 되는 비점을 가진 분자들의 집단을 만들었다. 메탄보다 무려 261도의 차이만큼 더 무거워졌다. 그리고 온누리는 유별난 그들의 차지가 되었다.

1.6

하나는 여자 하나는 남자

물과 탄산가스는 서로에게 대단히 호의적 존재들이다. 이들이 만들어 가는 세상은 사랑하는 연인들의 속삭임 같다. 하나는 남자로 그리고 또 하나는 여자이다(Un homme et une femme, 프; A Man and a Woman).[17] 그들은 오선지에 기록된 어느 한 음에서 출발하여 점점 강해져 더 이상 들을 수 없는 음에 이를 때까지 조화롭게 소리를 내는 옥타브의 규칙과 같다. 이 앙상블(ensemble, 프)에 불협화음은 없다.

물(H_2O)과 탄산가스(CO_2)는 만나는 순간 빠른 속도로 탄산(H_2CO_3)을 만들어 버린다. 이들의 만남은 물의 수소와 탄산가스의 산소 사이에서 이루어지는 협잡의 시작점이다. 여기서 협잡이란 속이는 수단이 아니다. 이 두 협잡꾼은 운영의 규칙과 방식을 이미 묵시적으로 인정하고 있기 때문이다. 사랑도 이런 눈속임 같은 선한 협잡은 용서되지 않을까? 물 분자의 구성에서 '산소는 가진 자'이고 '수소는 잃은 자'라는 자연의 섭리(攝理)가 바로 그것이다. 이 운영 방식으로 물의 수소가 먼저 탄산가스의 첩이 되기를 청한다. 그러나 탄산가스는 막대처럼 생겨 유연성이 없고 물은 구부정하여 어울릴 수 없을 것 같았지만, 멋대로 하늘거리는 몸매를 가진 물의 유혹에 그만 넘어가 탄산이 되어 바닷속의 성분으로 살아간다. 물을 헤쳐 배를 나가게 하는 노와 구부정한 어부의 관계, 이것이 탄산의 탄생 설화 속에 담겨있는 미화된 주절거림 같은 풍경이다. 탄산가스는 열역학적으로 매우 안정된 물질로 쉽게 다른 분자와 결합하지 않는다. 그래서 태양 에너지의 강력한 힘에도 오랜 시간을 원형대로 창공에 머물 수 있다. 그러나 물은 자신들이 가진 유연성을 이용해 수소를 거간(居間)꾼으로 내세워 탄산가스의 산소를 공략해 점령해 버린다. 그 결과, 이 둘 사이에는 $HO-H{\cdots}O{=}C{=}O$와 같은 점선으로 표시된 연결고리가 먼저 만들어진다. 이 점선은 수소결합과 같은 힘을 가지고 있다. 점선 부분은 작전을 펼 때는 화학적 힘(chemical force)으로 작용했지만, 그들 사이의 관계는 얼마 지나지 않아 탄산(H_2CO_3)이라는 화학 결합(chemical bonding)으로 바뀌게 된다. 연인 사이가 결혼으로 이어진 것이다. 이들 사이에서 일어나 연결하는 사건들은 연애하고 결혼하는 청춘들 사이의 사랑과 아량(雅量)과 똑 닮아있다. 영화의 한 장면은 아니지만, 여기에서 물은 남자로 그리고 탄산가스는 여자로 행동한다(Un homme et une femme: a man and a woman). 하나는 포괄성으로 또 하나는 유연성으로 작용하여 만든 집이 탄산이다. 물(H_2O)의 산소가 전자를 탄산가스(CO_2)의 탄소에 제공하면 탄산가스는 그것을 받아들여 탄산(H_2CO_3)을 만들기 때문이다. 분자란 원자들이 가진 수학적 질서에 따라 세상에 온 것들이다. 따라서 그들은 모두 양자의 자식이다. 그들은 전자라는 양자의 바늘로 둘 사이를 빛의 속도로 꿰맨 작은(micro) 세상의 창조물이다. 엔트로피의 흐름 속에서 탄생한 이 새로움에 대한 다른 표현이 있다면 '전자들이 그들의 낙원에 지은 큰 집'과 같다고 할 수 있다. 분자를 만드는 재료는 미시(微視) 세상의 건축재인 전자로 거시(巨視, macro) 세상의 벽돌이나 시멘트와 비교할 수 있다. 전자는 작은 몸을 빛의 속도로 움직여 핵이라는 그들의 주인들을 일정 거리에 두고 꼭꼭 묶을 줄 아는 입자들이다. 그 과정에서 그들은 주인이 관심을 보이면 더 머무르고 싫어하면 바로 떠날 줄도 아는 영리한 놈들이다. 이들이 움직이려는 방향이 원자의 구중심처에 있는 핵인지 혹은 바깥쪽에 성벽을 쌓아 분자의 모양을 만들고 있는 전자의 영역인지에 따라 그들의 성격도 정해진다. 그렇게 방향성이 구분되는 것은 그들의 낙원에는 크고 작은 힘이 여러 곳에서 작용하고 있기 때문이다.만약 접근해 오는 전자가 핵 쪽으로 추파를 던지고 협잡을 걸어오면 친핵성(nucleophile)이라고 하고, 바깥쪽 전자 벽에 관심을 기울이면 친전자성(electrophile)이라고 한다. 친핵성이면 양(+)의 방향이고 친전자성이면 음(-)의 방향이다. 분자 내에서 양과 음이 비슷한 힘으로 동시에 작용할 때는 양쪽성(amphoteric)이라고 한다. 이 현상이 발생하는 것은 핵의 시대가 끝나고 전자의 시대가 온 까마득히 먼 과거에서부터 시작되었다.

　　시간이 흐르면서 거시 세상의 많은 것은 변했지만 양자 세상을 이루는 전자들의 바느질은 변할 수 없다. 할머니가 쓰시던 반짇고리 안에는 손자의 노리개가 만들어지고 그다음 세대를 위한 인형의 바짓가랑이가 만들어지는 격이다. 전자가 수행하는 이 행위는 빛의 속도로 핵과 핵을 묶어 하나의 단위 공동체를 만드는 것으로, 시작이 바로 끝이다. 그리고 그들은 그들이 만든 전자껍질 안에 스스로 갇히게 된다. 이것을 전자 궤도(orbital)라 한다. 궤도 안의 전자는 그들의 에너지를 가지고 머물고 있다. 여러 개의 핵을 한 울타리 안에 가두면 거대 분자가 되고 몇 개 안 되는 핵을 그 안에 가두게 되면 단분자가 된다. 자연에 존재하는 분자 대부분은 중성이지만 때에 따라서는 한 분자 안에서 양과 음의 성질 모두를 다 가질 수도 있다. 이 경우 분자는 다른 구성원으로부터 전자를 빼앗아 약한 음의 성질(δ^-)을 가지는 전자들이 모인 곳과 전자를 빼앗겨 약한 양의 성질(δ^+)을 가지는 곳으로 나눠진다. 물의 경우는 안쪽 산소에 전자들이 모여 있고 꼭 그만큼 수소는 전자를 빼앗기고 있다($H^{\delta+}$-$O^{2\delta-}$-$H^{\delta+}$). 그와는 반대로 탄산가스는 바깥쪽 산소에 전자가 모이게 되고 중앙 탄소는 전자를 그만큼 잃게 된다($O^{\delta-}=C^{2\delta+}=O^{\delta-}$). 따라서 물의 수소와 탄산가스의 산소 사이의 협잡은 예상대로 쉽게 이루어진다. 바로 '$H^{\delta+}$-$O^{2\delta-}$-$H^{\delta+}$ … $O^{\delta-}=C^{2\delta+}=O^{\delta-}$'와 같은 모습이다. 중앙에 수소와 산소 사이($H^{\delta+}$… $O^{\delta-}$)의 작용이 탄산이 만들어지는 첫 단계다.

전기 음성도란 모든 원자에 주어진 고윳값으로 단위가 없는 상수이다. 그 편재(偏在, polarization)에 따라 한 집단 사이에서는 원자 사이에 질서가 형성되고 전 구성원 사이에서는 빼앗기고 빼앗는 사랑 싸움이 시작된다. 이웃과 연합하면 질서가 되고 연합 전선을 완성하면 평화가 온다. 인간 세상의 시기와 질투도 우리의 몸을 구성하는 분자에서부터 시작했을까? 여자 하나와 남자 하나의 어울림 같은, 분자들은 이미 정해진 계(戒)에 따라 움직이는 색(色)의 세상이다. 섞임(bonding)과 끌림(interaction)의 조화가 미시 세계의 시작이다.

1.7

화학량론(stoichiometry)

화학량론이란? 수소 둘과 산소 하나가 모여야 물(H_2O)이 된다는 평범한 진리이다. 그 밖의 어떤 비율도 이들 사이에는 허용되지 않는다. 탄산가스(CO_2)도 탄소 하나와 산소 둘이 만든 분자로 여기에 다른 집합은 없다. 탄산가스와 물이 만나 만든 탄산(H_2CO_3)도 이 규칙을 넘지 않는다.

물과 탄산가스는 우주가 생겨나고 우주의 시간으로 얼마 지나지 않아 지구에 나타난 것들이다. 물이 먼저고 탄산가스가 다음이었지만 그들이 세상으로 향하던 흐름은 산화 과정으로 꼭 같은 길을 경유했다. 물의 탄생은 고열과 빛으로 가득한 우주의 한복판에서 원자들이 서로 짝을 찾아 분자를 만드는 평범한 방법이었다. 그러나 그들이 지내왔던 우주는 큰 폭발(explosion)과 엄청난 화염(blaze) 그리고 혼돈(chaos)과 무질서(disorder)로, 생성과 소멸의 수많은 과정이 진행되었던 색과 빛의 세상이었다. 그러나 그 속에서 일어났던 그들의 탄생 과정은 경이롭고 존경스럽다. 처음으로 화학량론(stoichiometry)[18]의 질서가 자연에 존재한다는 것을 우주의 한복판에서 스스로 확인해주었기 때문이다. 화학량론이란 모든 분자에 적용된 자연의 법칙이다. 이 법칙을 거슬러 어떤 분자도 존재할 수 없다. 예컨대 물은 수소 둘과 산소 하나의 구성으로만 존재하여야 한다는 규칙이다. 그 외에 어떤 비례식으로도 물은 존재할 수 없다. 그 숫자가 아보가드로 숫자(2.023×10^{23}개)만큼 많아도 물의 구성은 모두 H_2O다. 태평양의 물을 모두 셀 수 있다면, 모두를 다 셈하고 마지막 남은 하나까지도 물은 H_2O이다. 탄산가스도 탄소 하나와 산소 한 분자가 결합하여 생겨난 물질로 물의 경우와 같은 화학량론의 결과물이다.

화학 반응이 일어나는 과정에도 이 규칙은 완벽하게 적용된다. 메탄이 연소하는 과정에서는 '메탄 한 분자는 산소 두 분자를 만나면 탄산가스 한 분자와 물 두 분자를 만들어낸다($CH_4 + 2O_2 \rightarrow CO_2 + 2H_2O$)'는 규칙이다. 이 밖의 다른 어떤 결과도 이 과정에서는 있을 수 없다. 따라서 분자들은 그들이 가지고 있는 수학적 질서에 따라 세상에 왔다. 이 과정은 현재도 자연에서 물질의 탄생과 소멸 과정에 그대로 적용되고 있는 법칙이다.

그와 반대로 비화학량론적(nonstoichiometric)[19] 화합물은 이 반응 규칙을 따르지 않는다. 따라서 분자 화학 분야에서는 일어나지 않는 현상이다. 이것은 일반적으로 움직임이 자유롭지 못한 고체 고분자 화합물에 적용되는 규칙이다. 예로서 합금이나 세라믹(ceramics)에 화학량론의 법칙을 적용할 수는 없다. 이들은 고체이고 이를 구성하는 원자들의 비율에 따라 물성이 정해지기 때문이다. 이들이 나타내는 물성은 화합물들이 얼마나 잘 섞여서 균일한 비율이 되는지에 달려있다. 물론 그들 사이에도 화학 결합은 존재한다.

1.8

타고 남은 재

물은 수소가 타서 남겨진 재로 세상에 왔다. 탄산가스도 탄소가 타서 남겨진 재로 세상에 왔다. 물이 어머니라면, 탄산가스는 생명체에 에너지를 공급하는 아버지 같은 물질이다. 타고 남은 재는 다시 기름이 된다.

많은 피조물이 그러하듯 물과 탄산가스도 '개와 암사슴의 설화'처럼 모순(矛盾) 속에서 세상에 왔다. 그들이 양자의 세상에서 만유인력의 세상으로 나오는 길은 그리 순탄하지 않았다. 그들은 가졌던 전 재산을 열과 빛으로 버려야 했고, 재(ashes)가 되어 그들이 속했던 계(系, system)에서 버려진 것들이다. 화염 속으로 모든 것을 버리고 남겨진 껍데기가 그들의 운명이라면 가혹하다 할 수도 있지만, 그 길은 흐름이 정한 투명한 자연의 길이다. 그들은 스스로 굴러 세상에서 가장 낮은 곳에 자리를 잡았다. 엔트로피의 엄한 질서가 그들이 다시 과거로 돌아가는 것을 막고 있었기 때문이다. 물은 수소가 타고 남겨진 유산이다. 그 유산 속의 축축함이 바로 물이다. 물의 구성 성분 중에 수소 원자가 가진 것은 하나의 전자가 전부였다. 자연은 그 하나마저 빼앗아 버렸다. 그리고 빼앗긴 흔적을 물에 남겨두었다. 그 과정은 강요가 아니었다. 에너지의 흐름이 그렇게 만든 것이다. 그래서 그들에게 심어진 양자들의 진동은 도리 없는 필연으로 남아있다.

탄산가스도 물과 꼭 같은 방법과 길을 따라 세상에 왔다. 그들은 탄소의 산화 과정에서 생겨난 것들이다. 일명 안정화 과정이라고도 할 수 있지만, 탄소의 산화 과정은 많은 열과 빛에너지를 생산해 낼 수 있어, 오래전부터 인류는 이상적인 에너지원으로 사용하고 있다.

탄산가스와 물은 낮은 곳으로 미끄러지듯 흘러가다 그 흐름이 멈추는 곳에 이르면, 무질서의 수런거림은 원자 시절보다 훨씬 더해진다. 물의 무질서도가 수소와 산소로 존재하던 때보다 증가했기 때문이다. 원자들이 서로 만나 분자가 되고 다시 많은 분자가 모여 물질이 되는 과정은 강물이 흐르듯 항상 유유하다. 그 흐름을 이끄는 에너지는 탄생의 순간부터 부여받은 진동이라는 움직임에 저장해 두었다. 지극히 일반적이지만, 물질이 가진 에너지는 원자가 분자가 되는 과정에서 원자보다는 더 긴 파장으로 둔해지고, 저분자의 물질이 고분자로 성장하는 과정도 마찬가지다. 물질이 그 크기를 키우는 과정에서 진동은 조금씩 조금씩 약해지고 낮아지지만, 그렇다고 완전히 멈추지는 않는다. 양자의 세상에서 진동의 멈춤은 절대 영도에서만 가능하기 때문이다.

물과 탄산가스를 구성하는 분자의 성질은 분자 집단이 나타내는 행동에 기초하고 있다. 그 집단은 인간의 능력으로는 셈할 수 없을 만큼 많은 알갱이(아보가드로수: Avogadro Number, 2.023×10^{23}개)[20]가 모여 만든 것이다. 그 구성 성분 하나하나는 항상 움직이고 있다. 이 움직임의 속도와 방향은 모두 다른 충돌로 이어져 그들 하나하나의 에너지와 움직임의 측정은 의미가 없다. 오직 그 집단이 나타내는 확률로만 이들의 에너지와 상태를 정의할 수 있다.

분자들의 에너지와 운동은 수학적 규칙을 따르고 있다. 만약 우리가 관측하고자 하는 어떤 시스템의 에너지 혹은 구조와 운동이 수학적 규칙성을 따르지 않는다면, 과학은 그것을 설명할 수가 없다. 물과 탄산가스도 고도로 세분된 에너지 준위와 가시화된 구조의 수학적 규칙성과 질서를 가지고 있다. 그들이 가는 방향은 에너지의 깊은 계곡을 따라 운명처럼 정해진 에너지의 준위(level)를 따르고 있다. 여기에는 아무런 저항도 막힘도 없다. 엔트로피가 정해놓은 길이기 때문이다. 그리고 그 에너지는 허수가 포함된 수학적 방법으로 세상에 모습을 내보인다. 분자 하나하나는 정지할 수 없지만, 삼차원 좌표 위에 올려놓아야 설명할 수가 있다. 이들은 수학적 방법으로 그 모습을 어렴풋이나마 보여줄 수 있기 때문이다. 그러나 유감스럽게도 자연은 이 창조물을 좌표 위에 정지시킬 수가 없다. 왜냐하면 이들은 자신도 스스로 정지할 수가 없기 때문이다. 창조주께서 이들에게 "너희는 다시 내가 거두어 들릴 때까지 일순간도 움직임(진동)을 멈춰서는 안 된다"라는 명령을 입력해버린 것이다. 따라서 이들은 탄생의 순간부터 계속해서 같은 힘과 크기로 움직여야 한다. 그것이 그들의 운명이다.

진동은 그들의 유일한 존재 방식이고 에너지이다. 그들을 움직이는 힘은 빠지거나 증가하는 거시 세상의 것과 같지 않다. 처음이 바로 끝이다. 왜냐하면 그 움직임 안에 정해진 에너지와 가치가 들어 있기 때문이다. 만약 한 물질의 진동이 변한다면, 물질도 변해야 한다. 그 운동은 원자의 운동 방식에서 기원하였지만 왜 그래야 하는지는 아무도 모른다. 오직 창조주만이 이 불변의 지혜를 설명할 수 있을 것이다. 그러므로 그들은 창조에서 파괴까지 같은 크기의 에너지로 운영되는 피조물이다.

물이 지구에 어떻게 왔는지에 대한 정설은 없다. 그들은 먼 옛날 지구가 생기기 전 우주의 어느 곳에선가 붉게 타던 정열이 식어 남겨진 차가운 유산이다. 그들은 다시 불에 타지 않는다. 태워야 할 에너지가 사라져 버린 재(ashes)기 때문이다. 물질과 꿈 사이를 수천 년 동안 헤매어온 연금술사들의 희망은 이루어지지 않았다. 그들이 수학적 방법으로 움직이는 아름다운 불변의 질서를 알았더라면 황금에 대한 오래된 꿈도 꾸지 않았을 것이다.

1.9

첩(妾)들의 전쟁

순수한 물은 일백만(10^7) 개의 물 분자 중에서 하나가 해리하여 하이드로늄(H_3O^+)을 형성한다. 그러나 탄산이 녹아 있는 물은 일만(10^5) 개의 물 분자 중 한두 개가 해리한다. 지구상의 모든 물은 탄산이 녹아 있어 산성이다.

수소는 아름답고 완벽한 대칭성(total symmetry)을 가진 둥근 공 같은 공간 구조로 되어 있다. 중앙의 한 점에는 핵이 있고 그 주위에는 빛의 속도로 움직이는 전자가 껍질을 만들었다. 그러나 물이 되는 순간 모든 질서는 깨지고 대칭성도 무너져 버렸다. 수소는 순간적이지만 본성에 충실하냐, 아니면 연합하여 분자가 되느냐 하는 선택의 갈림길에 와 있었다. 그들은 실리를 택했다. 아름답고 단출했던 원자 시절의 기품을 버리고 분자가 되기로 작심한 것이다. 그들은 수소 원자 둘과 산소 원자 하나의 핵을 8개의 전자 바늘로 꿰매 물이라는 아방궁(阿房宮)을 만들었다. 그리고 그들은 새로 지은 이 집의 구조를 살피기 시작했다. '한 주인과 두 첩(妾)' 이것이 그들의 기하학적 구성이었다. 산소라는 주인에게 안긴 두 수소라는 첩의 모양새가 물의 모습이다. 그러나 이 둘 중 본처는 아예 없다. 누구에게도 치우치지 않는 양자의 본성이 그러하기 때문이다. 그러나 두 첩 중의 하나는 항상 기회를 봐서 떠날 준비가 되어 있다. 이것도 그들의 본성이다.

그러다가 첩 중의 하나가 떠나면 남아 있던 수소 원자는 본처로 둔갑한다. 첩(H^+)을 잃은 산소가 정신을 차린 것일까? 이번에는 산소의 행동이 이상하다. 하나 남은 수소를 꼭 붙들고 노아 주지 않는다. 어쩌다 본처가 된 첩(OH^-)은 아무리 도망가려 해도 떠날 수 없다. 산소가 병정(전자)들을 보내어 심하게 감시하고 있기 때문이다. 그러나 이들의 바람기는 선도 악도 아니다. 그저 물 흐르듯 흘러가는 유유(悠悠)한 자연일 뿐이다. 그들은 본성과 추파라는 갈림길에서 결국 그는 실리를 선택한 것이다. 그러나 수소가 산소가 아닌 탄소와 C-H 결합할 때는 그 결합력이 매우 단단하여 떠날 수 있는 조금의 여유도 없다. 탄소와 결합한 수소는 언감생심 바람피울 기회를 가질 수 없기 때문이다. 주인의 사랑스러운 손이 수소를 꼭 붙들고 있다. 이 경우, 열역학 자료는 10^{25}개의 첩(H^+) 중에 하나 정도가 주인의 손을 떠날 수 있다는 것을 잘 설명해주고 있다. 물의 O-H 결합은 탄소와 수소의 결합(C-H)처럼 단단하지 못하다. 단단하지 못하다 함은 전자들이 O-H 결합의 중앙과 주위를 빈틈없이 막고 있어야 하지만 이 경우는 산소 쪽으로 전자들이 이동해 버리고 수소의 공간은 거의 비어 있음을 의미한다. 그 결과 이 둘의 관계는 조금은 소원한 상태라 할까? 주인이 아무리 소리쳐도 그 통제가 때로는 먹히지 않는다. 그들을 지켜주는 병정들이 자리를 비웠기 때문이다. 첩이 둘이나 있으니 관리가 힘들어서일까? 그중의 한 첩은 주인의 힘이 적게 미치는 틈을 타서 행동을 개시한다. 준비된 첩의 행동은 빛처럼 빠르다. 주인보다 더 매력적인 상대가 나타나면 순식간에 떠나 버린다. 그러나 떠난 첩은 주인으로부터 아무것도 받지 못해 발가숭이로 떠나야 한다. 호위 무사가 없는 양성자(첩)는 유감스럽게도 이 세상에서 가장 작은 입자로 혼자의 현존은 불가능하다. 순간이지만 새로운 주인과 공생하지 못하면 주인에게로 다시 돌아가야 한다. 그녀의 간사한 머리는 다시 굴러가기 시작한다. 그녀의 작전은 자신을 둘러싸고 있는 물을 부르는 것이다. 그리고 그들과 연합하여 착화물$[H^+(H_2O)_n]$을 만들어 떠나버린다. 이것이 일백만이 사는 도시에서 한두 명의 비이상적 사람의 행동으로 본다면 매우 적은 양이다. 그러나 하나가 없어지면 다음 하나가 꼭 같이 행동하는, 이른바 화학적 평행($H_2O \leftrightarrows H^+ + OH^-$)이 여기에 존재하기 때문에 이들의 행동을 무시할 수가 없다. 순수한 물은 이론적으로 일백만 개(10^7)의 물 분자 중에서 한 개가 주인의 손을 떠나 프로톤(H^+)을 만들지만, 탄산이 녹아 있는 자연수는 일만 개(10^5)의 물 분자 중의 몇 개가 이런 행동을 한다. 그것이 방금 제조한 순수라도 그렇다. 따라서 순수한 물보다 열 배 많은 양성자를 가진 자연 상태의 물은 산성이다. 증류수도 탄산가스의 오염(pH=5.6)으로 그러하다.

이것이 모순처럼 보이지만 하늘이 정해준 물의 운명이다. 물이 바람을 피우는데 부채질하는 환경이 조성되면 물은 많은 첩을 거느릴 수 있다. 이른바 산성 용매가 되면 그러하다. 작은 양이지만 식초와 같은 산성 물질이 가미되면 그 상태는 계산된 산도에 따른 질서를 가지게 된다.

1.10

자연의 요람

생명은 심오한 법칙의 산물인가? 적어도 우연은 아닐 것이다. 물이 모든 것을 품으로 안아주는 어머니라면, 탄산가스는 아버지 같은 물질이다. 어머니에게 보태는 사랑(에너지)으로 답하기 때문이다.

물은 탄산가스뿐 아니라 지상에 존재하는 많은 물질을 녹여 수용할 수 있는 가장 좋은 매질이다. 이러한 물질을 화학에서는 용매(solvent)라 한다. 물은 지상의 모든 화합물의 3분의 2를 녹일 수 있는 능력으로 녹아 있는 모든 움직임을 자신의 품에 안아 포용하는 매질이다. 따라서 물은 생명이 탄생하고 성장하는 요람으로 그 안에 모인 무리를 분해하고, 합하고, 성장시켜 살아가게 만들어 준다. 이것이 물의 역할이다. 그 임무를 수행하기 위한 여러 가지 변화는 부수적일 뿐이다.

재의 모습으로 세상에 온 물의 현존은 허세가 아니다. 그러므로 원자가 산소와 결합하여 만든 모든 산화물은 해당 원소의 재라는 외로운 지향성을 가지고 있다. 산화철(Fe_2O_3), 산화규소$[(SiO_2)_n]$, 그리고 이산화탄소(탄산가스), 이산화수소(물), 이들은 모두 모두 중심 원자가 산소와 결합하여 탄생한 산화물이다. 이 피조물들은 그들을 지탱하던 에너지가 떠나고 남겨진 현존이지만, 아무리 부정해도 재엔 생명이 없다. 그러나 아이러니하게도, 생명은 그 잿더미 위에서 태어나고 성장하고 살아가야 한다. 에너지가 담겨있는 그릇 위에는 생명체가 살 수 없다. 모든 생명체의 물리적 위치는 가장 낮은 자신의 길 위에서부터 시작하기 때문이다. 화학적 안전함이란 낮은 에너지 상태를 말한다. 원소들의 산화란 세월에 의해 풍화되고 말라비틀어진 가장 낮고 볼품없는 존재로 가는 과정이지만, 모든 산화물은 그 낮은 상태에서 벗어나려는 강한 지향성 또한 가지고 있다. 무기 산화물의 대표적 물질은 물이다. 그들은 서로를 연합하여 낮은 에너지 상태를 벗어났다. 물은 서로서로 손잡아 에너지가 떠난 빈자리를 채우며 서로를 연결하여 큰 힘을 만들어 낸 미립자들이다. 모두 연결한 하나의 뭉치(cluster), 이것이 물의 현존이다. 그 힘은 서로가 연합하는 수소결합으로 담장을 두고 소통하는 연인들의 사랑과 같다. 구름이 아름다운 가을 하늘을 장식하는 것도, 강물이 저렇게 흐를 수 있는 것도, 얼음이 수도관을 깨트리는 것도 모두 수소결합이라는 물이 가진 힘 때문이다.

한낮의 바다는 그 표면 위로 가득히 내려앉은 빛의 미립자들이 튀어나와 윤기 있게 퍼지는 모든 빛과 색으로 명멸한다. 물은 그 표면 위로 쏟아져 들어오는 빛으로 생명을 탄생시켜 키우고 함께 살아가고 사라지는 수많은 과정을 품어 수행하는 요람이다. 창공에서 쏟아지는 빛에너지 다발의 출렁임은 다시 물속의 생명을 뭍으로 끌어내어 성장시켜 네발로 혹은 두 발로 디디고 선 땅 위의 물리적 위치에 올려놓았다. 생명들은 뭍에서도 다양한 질량감으로 엔트로피가 흐르는 방향을 따르는 피조물들이 행하는 과정을 수행하고 있다.

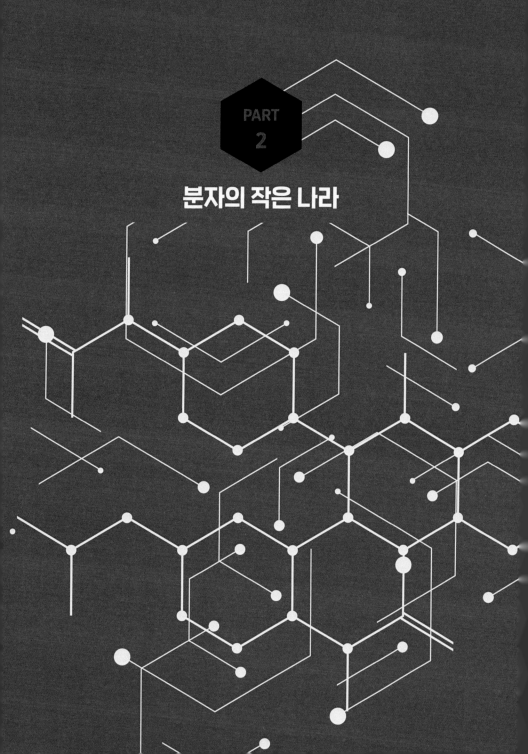

PART
2

분자의 작은 나라

2

분자의 작은 나라

　보어의 원자는 전자가 핵으로부터 0.5Å 떨어진 정해진 궤도를
따라 삼차원 표면을 빛의 속도로 운동하고 있다. 슈뢰딩거의 전자
는 핵 주위의 공간을 자유롭게 운행하지만, 핵으로부터 0.529Å
떨어진 곳에서 발견될 확률이 가장 높다. '정해진 궤도, 그리고 확
률공간' 이것이 두 이론의 차이점이다.

2.1

진화하는 원자

시작과 끝이 같은 영원한 진동, 이것이 양전자들의 에너지다.

　수소는 과연 어떤 모습일까? 보어(Niels Bohr, 1885~1962)의 수소[21]를 일경(10^{12}) 배 확대하면, 거시 세상의 것이 된다. 그 모양을 보면, 일백 미터의 지름을 가진 구(球) 중앙에 콩알보다 작은 양성자가 자리를 지키며 자전하고 있고, 일백 미터의 지름을 가진 삼차원 공간의 껍질을 자유롭게 움직이는 탁구공 크기의 전자가 빛의 속도로 핵 주위를 회전하고 있다. 이것은 수소의 확대된 모습이다. 핵을 제외한다면 속이 빈 완전무(完全無)의 공간이다. 탁구공 정도의 크기를 가진 전자의 무게를 1이라고 하면 무게 중심에 있는 콩알보다 적은 핵의 무게는 전자보다 무려 5만 배(5×10^4)나 된다. 따라서 전자의 무게는 모든 물리량의 계산에서 제외된다. 너무 적기 때문이다. 수소 원자는 핵의 주위를 정해진 궤도(orbital)를 따라 빛의 속도로 회전하는 전자에 의해 껍질이 형성되며 수소 원자는 모양을 갖추게 된다. 속이 빈 탁구공, 그 껍질 위를 빛의 속도로 움직여 살아있는 모습을 연출하고 있는 것이 수소 다. 그 전자들은 무게가 무시될 정도로 작지만, 그들이 가진 힘(에너지) 을 오직 진동으로만 보여주는 떨림과 흔들림 같은 것이다. 무게의 중심 이 있는 정중앙의 아주 적은 핵(nuclear)의 공간은 전자의 공간이 아니 다. 단단하여 전자가 들어갈 여지가 없기 때문이다. 그곳은 원자라는 위대함을 담은 무게의 중심점, 핵이다.

빛의 속도로 전자껍질을 따라 회전하는 전자에 추가된 운동이 있다 면 스스로 회전하는 자전(自轉, rotation)운동이다. 전자는 불연속적인 주 양자수에 의해 에너지 준위가 나누어져 있지만, 그 안에 다시 두 개의 불연속적 에너지 준위로 나누어져 있다. 수소 원자의 빛 스펙트 럼을 정교하게 분석해보면 거의 같은 영역 안에 두 개의 선이 겹쳐 있 다. 예를 들어 발머 계열[22]의 656.3nm와 656.7nm의 쌍둥이 진동이다. 이 에너지는 0.4nm의 작은 차이로 분리된 진동이다. 바로 이것이 한 궤도 안의 두 전자가 정방향과 역방향으로 돌고 있음을 나타내는 지표 이다. 정방향으로 자전하는 전자의 에너지가 역방향으로 자전하는 전 자보다 약간(0.4nm) 크다. 또 수소를 다시 자기장(magnetic field) 안에 놓아두면, 자기장의 세기에 따라 이 두 에너지 준위는 명확하게 나누 어진다. 그중 하나는 정방향(↑)으로 그 다른 하나는 그 반대 방향(↓) 으로 회전하는 에너지 준위가 있음을 볼 수 있다. 이 에너지의 차이는 자기장의 강도에 따라 분리 정도가 달라진다. 자기장이 세면 셀수록 자전하는 에너지는 더 크게 분리된다.

수소의 에너지는 빛의 속도로 움직이는 전자의 진동이다. (E=nhυ, n=1, 2, 3…). 원자들이 가진 진동에너지는 모두 서로 다른 준위에 있어 수소는 수소만이 할 수 있는 움직임(진동)으로 자신을 표현하고, 헬륨은 그만이 가진 진동으로 그들의 에너지를 표현하고 있다. 그리고 다른 원자들도 이 규칙을 따르고 있다. 원자의 모든 질량은 핵에 응집되어 있고 전자의 진동하는 에너지는 핵에 미치지 못한다. 따라서 원자의 참모습은 '에너지는 전자에, 무게는 핵에' 라는 포괄적 모형으로 현존한다. 썰리번(.W.N. Sullivane)[23]은 자신의 저서 『과학의 한계, The Limitation of Science』에서 이렇게 말하고 있다.

"만약 사람의 몸을 구성하는 10^{28}개의 원자들을 양성자와 전자로 분리할 수만 있다면, 눈에 보이지도 않는 작은 점에 사람의 모든 무게가 모여 있고 나머지 공간은 비어 있다." 1세제곱센티미터($1cm^3$)의 양성자만의 무게는 10톤 정도이다.

원자가 깨어지지 않는 단단한 입자가 아니고 핵과 전자와 같은 아원자(subatom)들이라는 것이 알려진 지 100여 년이 지났다. 이 기막힌 발견의 시발점은 바로 2천 5백 년 전의 그리스 철학자 데모크리토스(Demokritos, BC 460?~BC 370?)[24]가 말한 "모든 물질은 더 이상 나눌 수 없는 작은 입자로 구성되었으며 이것이 물질의 가장 작은 구성 요소인 원자(atom)다." 라는 철학적이고 사변적 제안으로부터 시작되었다. 물론 데모크리토스의 주장처럼 모든 물질은 계속 쪼개다 보면 최소 단위에 이르게 된다. 그렇지만 거의 2천 5백 년 동안 이 이론에 도전은 없었다. 연금술사들[25](alchemists)과 물질 변형론(transformism)자들이 가끔은 다른 방식으로 접근해 왔지만, 그들은 근본적으로 잘못된 생각과 궁리에서 출발했기 때문에 원자론에는 접근할 수는 없었다. 원자는 기적의 돌로 찾을 수 있는 것이 아니기 때문이다.

데모크리토스의 제안을 실험적으로 확인시켜준 최초의 과학자는 돌턴(J. Dalton, 1766~1844)[26]이었다. 그는 1803년 원자는 더 이상 깨어질 수 없는 입자임을 실험으로 밝혀낸 최초의 과학자다. 그의 실험은 거의 2천 5백 년 전에 시작되어 당시까지 전해오던 사변적 원자론을 실험으로 확인한 위대한 사건이었다. 인류의 역사에서 이렇게 오래된 사변적 학설을 객관적 방법으로 확인한 사건이 또 있었을까? 실로 위대한 실험이었다. 그 당시 과학자들은 이 실험 결과에 몰입되었다. 그리고 그 후 거의 90년 동안 원자론은 모든 과학과 철학적 추구의 중심에 와 있었다. 이른바 원자론의 태평성대였다. 더 이상 나누어질 수 없다는 원자설은 그때까지는 적어도 화학자들에게는 아무런 문제가 없어 보였다. 그러나 원자론은 거기에 머무르지 않았다. 진화가 시작된 것이다.

a) 톰슨의 원자

빛과 에너지 문제를 연구하던 물리학자들은 원자론을 점점 의심스러운 눈으로 보기 시작하였다. 만약 원자가 깨어지지 않는 쇠구슬처럼 단단하다면, 원자들로 만들어진 분자란 무엇인가? 어떤 힘이 그들을 묶어 분자가 만들어지나? 또 반응 과정에서 흘러나오는 열이란 무엇이며 물질을 가열할 때 나오는 빛이란 또 무엇인가? 열과 빛을 원자론과 연계시키는 연구는 당대의 과학자들에게는 가장 흥미 있는 주제였다. 여러 가지 복합적 의문들이 점점 증폭되어 물리학의 중심에는 빛과 열, 그리고 에너지와 두 물체가 부딪칠 때 발생하는 불꽃 등을 연구하는 여러 분야가 나타났다. 물리학자들의 여러 의구심을 속 시원하게 풀어준 사람은 위대한 물리학자 톰슨(J. J. Thomson, 1856~1940)[27]이었다. 그는 음극관이라는 진공관을 이용한 전기 방전 실험에서 푸른색 유체[28]가 진공관 안에 흐르고 있음을 발견했다(1897). 그리고 그 정체를 밝히기 위한 수많은 실험과 계산으로 그것이 입자라는 사실을 밝혀냈다. 그리고 그 푸른 유체가 원자의 구성 요소라는 것도 물리학계에 제안하였다. 그는 실험을 통해 진공관 내부로 흐르는 푸른색 유체가 음성이며 무게를 가졌다는 사실도 밝혀냈다. 그는 진공관 속을 흐르는 입자들의 무게(weight)와 하전(electric charge)의 비를 산출해 냄으로써 원자는 더 작은 입자(아원자)들로 구성되었음을 증명해 낸 최초의 사례를 발표하였다. 이것은 원자가 돌턴이 제안한 쇠구슬처럼 깨어지지 않는 작은 입자가 아니라 그를 구성하는 내부 구조가 존재한다는 사실을 밝힌 첫 번째 사례였다. 여기에서 푸른색 유체는 사실 진공관 내부에 소량(trace)으로 남아있던 질소와 산소로 높은 전압에 의해 이온화하여 진공관 내부를 전자와 함께 흐른 것이다. 푸른 흐름은 마치 북극의 밤하늘에 나타나는 오로라와 같은 현상으로 전자의 존재를 알려주는 지시약(indicator) 같은 역할을 해 주었다. 지금처럼 진공 기술이 발달하지 못했던 시절에 있었던 이 위대한 발견은, 시대적 기술의 수준이 상황에 따라서는 적절하게 이용되었다고 볼 수 있다. 이 발견으로 원자가 변하지 않는 단단한 입자라는 돌턴의 개념은 더 이상 진리로 받아들일 수 없게 되었다. 원자설이 다시 진화하기 시작한 것이다. 그는 진공관 내부를 흐르는 유체를 미립자(particle)라고 명명하고 전하와 미립자의 질량의 비를 측정하여 미립자가 무게를 가진 입자라는 사실을 밝혔다. 이 미립자를 전자(electron)라 명명한 사람은 존스턴 스토니(George Johnstone Stoney, 1826~1911)[29]였다. 그는 1894년 톰슨이 미립자라고 명한 이 입자를 전자(electron)라 칭하였다. 이는 전기의 씨앗 혹은 새로운 입자라는 뜻이다. 톰슨의 발견은 그 당시까지 세상을 지배하던 만유인력의 시대가 저물고 양자역학의 시대가 오고 있음을 알리는 새벽의 닭 소리와 같은 것이었다. 톰슨 후 약 반세기 안에 물리학은 눈부시게 발전하였다.

b) 러더포드의 원자

톰슨의 제자였던 러더포드(Ernest Rutherford, 1817~1937)[30]는 톰슨의 발견으로 구체화한 음으로 하전 된 전자에 대항하는 힘을 가진 입자가 원자의 내부 어딘가에 존재할 것이라는 의문을 가지고 연구에 집중하고 있었다. 그가 행한 실험에서 원자 내부에 존재하는 작고 단단한 입자를 발견하고는 그 이름을 핵(nuclear)이라 명명하였다. 그의 발견으로 물리학계는 원자는 음전하를 띠고 있는 전자와 양전하를 띠고 있는 핵으로 구성되었다는 매우 논리적이며 구체적인 새로운 원자론을 수용하기 시작하였다. 그가 시행했던 실험은 화학자들이 주로 사용하던 비커나 플라스크 같은 것을 이용하지 않았다. 톰슨이 사용한 푸른빛이 흐르는 진공관도 아니었다. 그는 그때까지 자신이 심혈을 기울여 연구해온 방사성 붕괴에서 흘러나오는 양(+)으로 하전 된 알파 입자(α-particle)[31]를 첩자(spy)로 보내어 톰슨이 제안한 원자의 내부를 들여다보았다.

그의 실험은 알파 입자라는 스파이들이 금박으로 무장한 원자들의 성(城)을 공략하는 형식이었다. 그의 첫 번째 시도는 알파 입자를 얇은 금박(gilt)에 충돌시켜보는 실험이었다. 그 막은 이론적으로 원자 하나하나를 팬케이크처럼 펼쳐서 첩자 앞에 세운 것이었다. 그리고 첩자를 금박으로 구성된 성벽을 통과시켰다. 마치 스타워즈의 '제다이의 귀환(Return of Jedi)'[32]에서 하늘을 나는 오토바이를 타고 숲속을 요리조리 빠져 나가는 장면을 상상하면 텅 빈 원자 내부가 그려질 것이다. 그는 스파이들이 가져온 정보들을 분석하기 시작하여 실험에서 얻은 결과를 발표했다(1909). 그러나 그의 실험 결과는 인정받지 못했다. 그의 실험은 당시로서는 너무나 선진적이었으며 그것을 설명하는 방식이 학자들의 인정받기에는 부족했기 때문이었다. 그는 그가 행했던 시험을 보완하여 2년 후, 1911년에 두 번째 논문을 발표하였다. 그의 발견은 원자의 중심에 자리 잡은 핵(nuclear)이었다. 핵은 매우 딱딱하여 알파 입자의 투과를 허용하지 않는 입자였다. 그의 실험 결과는 처음으로 핵이라는 단어가 도입되었고 원자는 전자와 핵이라는 아원자(sub-atom)들의 집합임을 알려준 첫 사례가 되었다. 러더포드가 행했던 알파 입자의 산란 실험은 과학의 역사에서 자연의 신비를 밝히기 위한 실험 중 몇 안 되는 흥미로운 실험이었다. 왜냐하면 그의 실험 결과는 무질서에서 찾아낸 질서였기 때문이다. 핵을 발견하기 위한 그의 실험에서 그가 선택한 방법은 '무질서 속의 질서(order in disorder)'였다. 그는 알파 입자를 금박에 쏘아 일정 거리에 설치된 스크린에 나타난 결과를 분석하였다. 그는 모든 알파 입자가 직선 비행을 할 것으로 기대했다. 왜냐하면 그는 모든 원자는 매우 작은 핵과 그 주위를 둘러싼 가벼운 전자들의 공간으로 구성되었다고 생각했기 때문이었다. 그러나 실험 결과는 그의 기대치에 정면으로 배치되었다. 알파 입자들은 발사관 앞에 설치해 둔 얇은 금박을 지나며 매우 무질서하게 비행했다는 실험 결과가 인화지에 기록되었기 때문이다. 그뿐 아니라 발사관 뒤편에 설치해 둔 인화지에도 흔적을 남겼다. 훗날 학자들은 이것을 알파 입자의 산란(scattering of α-particle)이라 칭하였다. 러더포드는 이 실험 결과를 설명하기 위해 긴 시간을 침묵해야 했다. 그가 실험이 끝나고 6개월이 지난 다음 내어놓은 결과는 매우 명쾌하고 간단했다. 실험에서 나타난 결과를 그는 이렇게 설명하였다.

(1) 대부분의 알파 입자는 직선 운동을 하고 있었다. 이것은 원자의 대부분 공간이 비어 있기 때문이다.

(2) 알파 입자들의 무질서한 산란은 양전하를 띤 핵 주위를 비행하

는 양전하를 가진 알파 입자가 양전하로 하전 된 원자핵과 일정 거리가 떨어져 비행하는 동안 핵과의 척력에 의해 발생하는 입자들의 진로 변경으로 일어난 흔적이다. 무질서도(휘어진 정도)는 핵과 비행하는 알파 입자 간의 거리에 의해 나타난 결과들이다.

(3) 발사관 뒤쪽의 흔적은 알파 입자가 금박의 원자핵에 정면으로 충돌해 알파 입자가 되돌아와 남긴 흔적이다. 이것은 마치 15인치 포탄을 적진을 향해 쏘았더니 되돌아와 쏜 사람을 맞춘 것과 같이 믿을 수 없는 일이었다.

그의 알파 입자의 산란 실험으로 얻은 무질서도의 설명은 명쾌했다. 그 결과 실험을 통해 얻어낸 결론은 원자는 핵과 전자라는 아원자(subatom)들로 구성되어 있으며 그 구성은 무게 중심을 가진 핵과 공간을 떠도는 전자들이라는 사실을 세상에 처음으로 밝혔다. 그러나 원자의 구성하는 핵과 전자들이 어떤 모양과 에너지의 함수 관계를 가진 입자들인지를 밝히지는 못했다. 그는 그때까지 통용되던 톰슨의 플럼 푸딩(plum pudding) 모델을 그대로 사용하였다.

c) 보어의 원자

핵과 전자로 이루어진 원자의 구성을 연구하던 덴마크의 물리학자, 닐스 보어(Niels Bohr, 1885~1962)[33]는 원자의 중심부에 매우 작은 크기의 핵이 존재하고 그 주변에는 전자가 있다는 러더포드의 실험 결과를 그대로 수용하여 전자들의 운동 법칙에 관한 연구를 계속했다. 그의 연구는 러더포드가 제시한 비어 있는 공간을 채우고 있는 전자의 에너지에 관한 것이었다. 그는 핵의 주위를 회전하는 전자는 특정한 조건을 만족하는 궤도(orbital)를 따라 운동한다는 양자 조건(quantum condition)[34]을 도입하였다. 여기서 양자 조건이란 에너지 준위라는 새로운 개념으로 원자는 몇 개의 특정한 에너지(진동)만을 가질 수 있다는 이론이었다. 이 이론은 원자는 궤도(orbital)라고 칭하는 전자가 존재하는 공간과 그 외의 공간, 즉 전자가 존재할 수 없는 공간이 있다는 것을 의미하고 있다. 전자가 존재하는 궤도의 에너지 준위는 수소 원자가 가질 수 있는 양자적 상태와 일치한다는 결론도 내렸다. 만유인력의 세상에서는 공중을 날아가는 야구공의 위치와 운동량을 매 순간 연속적으로 측정할 수도 있고 그 에너지는 미적분으로 계산할 수도 있다. 그러나 양자의 세상에서는 특정 에너지 공간에서만 전자가 발견된다는 개별성을 가지고 있다. 그것은 전자 하나하나는 특정된 에너지를 가지고 있음을 의미하고 있다.

이것은 또 어떤 양자적 상태에 있는 전자가 가질 수 있는 전자궤도가 특정한 값으로 제한된다는 것을 의미한다. 좀 난해하지만, 이 양자적 상태(조건)를 여러 개의 높이가 다른 선반이 까치발로 차례대로 벽에 설치되어 있다고 가정해보자. 제일 아래쪽 바닥(바닥 상태 n=1)에 메뚜기(전자) 한 마리가 앉아 있는 그림을 상상해보자. 메뚜기는 첫 번째 선반(여기 상태, n=2)으로 뛰어서 이동할 수 있다. 힘을 더 주면 두 번째 선반(n=3) 혹은 그 위로(n=4, 5...)도 옮겨갈 수가 있다. 그러나 첫 번째 선반과 두 번째 선반의 사이 혹은 두 번째와 세 번째 사이에는 머물 수가 없다 그가 가서 머물 수 있는 선반(에너지 준위)이 없기 때문이다. 전자들은 정해진 에너지 준위에 머물 수 있으나, 에너지 준위가 없는 공간에는 존재할 수 없다는 것이 양자 조건이다. 따라서 보어의 원자 모형은 원자의 핵이 중앙에 있고 전자들이 행성처럼 정해진 여러 개의 궤도를 따라 핵의 주위를 원을 그리며 돌고 있는 모형이다. 에너지 준위(n)는 n=1, 2, 3…과 같으나, 1.5, 2.5와 같은 에너지 준위는 존재하지 않는다. 이 구조는 물론 훗날 원자를 다루는 학문의 발달로 수정되었지만, 원자의 실질적 구조를 처음으로 구상한 보어의 원자 모델은 위대하며, 지금도 교과서에서 원자를 설명하는 일반적 모델로 남아있다.

독립된 에너지 선반(궤도) 위의 전자에 외부로부터 에너지가 공급되면 전자는 그다음의 에너지 준위로 들뜨게(exited) 된다. 일단 선반으로 올라간 전자가 다시 제자리로 돌아올 때는, 여기(exit) 될 때 받았던 에너지 전부 빛에너지로 내보내야 한다. 여기서 나타난 빛의 종류는 네 종류로 라이만(Lyman) 시리즈, 발머(Balmer) 시리즈, 파쉔(Paschen) 시리즈, 브리켓(Brackatt) 시리즈이다. 이렇게 설명되는 빛은 불연속적이며, 입자성과 파동성을 모두 가진 물리적 특성을 가지며 질량과 전하 그리고 스핀을 포함한 여러 가지 물리량도 가지고 있다.

루크레티우스(BC 94~BC 51, 로마)는 그의 저서 『사물의 본성에 관하여; De Rerum Natura』[35]의 제1권과 2권에서 데모크리토스의 학설을 이어받아 "원자는 단단한 질료(質料)와 공간(空間)을 가지고 있다"라고 정의하였다. 보어의 원자 모델에서 루크레티우스의 공간을 지적한다면, 원자 안에서 전자들이 머물 수 있는 공간이라고 할 수 있다. 그 공간은 비어 있고 아무것도 머물 수 없는 완전무(完全無)의 전자껍질의 안쪽 공간이다.

d) 슈뢰딩거의 원자

보어의 수소 모형이 발표된 뒤 그 이론을 수정하여 새로운 모델로 발전시킨 과학자는 오지리(Austria)의 천재 물리학자 어빈 슈뢰딩거(Erwin Schrödinger, 1887~1961)[36]였다. '슈뢰딩거의 고양이'라는 비유로 잘 알려진 그의 파동 역학은 원자의 구조를 설명하는 데 목적을 두고 있었다. 보어의 원자 모형에서 양자수는 인위적으로 도입되었지만, 슈뢰딩거의 파동 역학에서는 그럴 필요가 없다. 『수소로 읽는 현대과학사』를 저술한 존. S. 리그던(J. S. Rigdon, Hydrogen)은 슈뢰딩거의 파동 방정식에는 파동의 주체가 명확하게 명기되지 않았지만, 막스 보른(Max Born, 1882~1970)에 의해 밝혀진 이 파동 방정식의 주체는 ψ^2(Psi, 푸시)로 전자가 발견될 확률을 위치에 따라 표현한 확률 함수라 정의하였다. ψ^2는 어떤 특정한 위치에서 최대치를 가지며 이 지점에서 전자가 발견될 확률이 가장 높다는 것을 의미하고 있다. 그는 확률이 1에 가까운 지점을 가우시안 커브(Gaussian curve)의 장점으로 정의하였다. 그로 인해 수소의 전자는 대부분을 핵으로부터 일정한 거리가 떨어진 구의 껍질에 해당하는 그 커브의 정점에 가장 많은 시간을 머무르고 있다는 원자 모형이 완성되었다. 따라서 슈뢰딩거가 제시한 계산에 의하면 수소 원자는 중심핵으로부터 전자가 가장 많이 존재하는 곳으로, 중앙의 핵으로부터 0.529Å가 떨어진 지점이었다. 이 원자의 껍질은 보어가 계산해 낸 원자의 반경 0.5Å과 놀랍도록 일치할 뿐 아니라 실험으로 알려진 수소 원자의 크기 1Å과도 거의 일치하고 있다. 이 계산은 지금까지 현대 물리에서 사용되고 있는 원자의 현존이다. 그의 묘비에는 그가 원자를 해석하기 위해 만든 방정식(ψ)이 그의 이름을 대신하고 있다.

e) 양자들, 그다음 세상

우리가 사는 거시(macro) 세상은 모든 것이 연속적이다. 기차가 지나가고 항공기가 날아가고 사과가 떨어지는 일련의 사건들은 속도와 그 운동량을 동시에 측정할 수 있는 만유인력의 세상에 속한 것들이다. 그러나 양자의 세상은 어른거리는 아지랑이처럼 혼란스럽다. 왜냐하면 일상적인 경험에 익숙해진 우리에게 불연속(미시적)과 연속(거시적)은 상반된 개념이기 때문이다. 여기서 불연속이라는 것은, 보어의 수소에서 까치발 선반을 생각하면 바로 그림이 그려질 것이다.

지금까지의 경험으로 보아 과학자들은 어렴풋하게 들여다보던 이름다운 양자들의 세상을 포기하지 않을 것이다. 비록 그 길이 험하다고 하더라도 수소 원자로부터 새로운 정보를 얻을 수 있다면 양자의 세상을 향한 과학은 결코 완성되지도 끝나지도 않을 것이다. 과학자는 안

개 속으로 숨어 들어가는 수소의 마지막 순간까지도 짝사랑하고 있기 때문이다. 현대 물리에서는 다시 양성자와 중성자를 합한 소립자의 복합 모델로 쿼크(quark)를 발견하였다. 쿼크는 6가지 종류가 있으며 물리에서는 up/down, charm/strange, top/bottom 등 3개의 쌍으로 분류하고 있다. 이런 방식으로 원자는 진화하고 있다. 그다음 무엇으로 원자의 모습을 설명해 줄지는 기다리는 자들의 몫이다. 원자론은 계속 발전할 것이기 때문이다.

수소는 만물의 근본이며 자연의 모든 조화를 과학으로 인도하는 길잡이 같은 원자다. 천자문의 하늘 천(天) 자와 같다. 우주에 존재하는 원자 중에서 맨 처음으로 탄생했으며, 가장 작아 양자의 모델로 선택된 유일한 원자이다. 수소는 이 세상 어느 것보다 작지만 원자들의 구성 요소를 모두 가지고 있다. 우주의 뜨거웠던 불 속에서 이들이 태어날 때 그들은 우주에 있는 어떤 것도 흉내 내지 못하는 그들만의 방법으로 세상에 왔다. 그래서 이들의 탄생 설화는 몽골인들의 창세 신화처럼 흥미롭다. 신화는 초원을 달리던 푸른 개가 암사슴을 짝으로 맞아들인다. 자연의 법칙에 의하면 이것이 모순처럼 보이지만, 오직 그들은 심오한 법칙에 따르고 있을 뿐이다. 수소는 양성자가 전자라는 다른 종과 결합하여 만든 피조물이다. 그러나 이 세상의 어느 원소도 그와 같은 제조 방식으로 세상에 오지는 않았다. 오직 우주의 탄생 설화를 담고 있는 수소만이 그 길로 왔다. 그리고 모든 원자를 탄생시킨 어머니 같은 원자가 되었다. 수소는 모든 피조물을 구성하는 원자들의 본성이기 때문이다.

현재 주기율표에 존재하는 원자는 전자의 숫자에 따라 1번부터 시작한다. 1번인 수소는 양성자인 핵 하나와 전자 하나로 구성되어 있다. 그다음 2번은 헬륨이다. 헬륨은 양성자 2개와 전자 2개로 구성되어 있다. 이렇게 주기율표를 채우다 보면 현재까지 공인된 마지막 원자인 118번 오가네손(Oganesson)[37] 까지, 주기율표를 채울 수 있다. 오가네손은 118개의 양성자와 118개의 전자를 가진 원자이다. 그리고 그보다 더 큰 원자 119번과 그 이상의 원자 번호를 가진 원소가 얼마지 않아 주기율표에 등장할 것이다. 주기율표에서 그 공간이 비어 있기 때문이다.

현재는 118개의 전자를 가진 오가네손(Og: Oganesson, Aw: 294)은 주기율표상 마지막 원자이지만 2015년까지는 이 빈 곳을 채울 원소의 이름은 Eka-Rn(에카 라돈)이었다. 그전까지 불리던 Eka-Rn에서 Eka라는 표현은 멘델레예프가 게르마늄(Ge)이 발견되기 전 주기율표의 실리콘 다음의 첫 번째(Eka) 주기 원소를 예측하여 붙여진 이름으로 Eka-Si(에카 실리콘)로 주기율표의 비어 있는 공간을 채워 그에 대한 모든 물리적 화학적 성질을 예측하였던 것으로 훗날(1886) 윈클러(Clemens Winkler,1838~1904)에 의해서 게르마늄이 발견되었을 때 Eka-Si라는 이름은 사라지고 게르마늄(Ge)으로 명명되었다. 게르마늄이 발견된 다음 게르마늄의 물성을 조사한 그는 멘델레예프가 1863년 예측했던 결과와 거의 같은 물성으로 그의 예측의 정확도를 객관적으로 증명해 주었다. 159년 전 멘델레예프가 예측한 원소는 게르마늄 말고도 여러 가지가 있다. 현재 주기율표의 마지막 원소인 오가네손은 2002년 러시아의 합동 핵 연구소(Joint Institute for Nuclear Research)와 미국의 로렌스 리버모어 국립 연구소(Lawrence Livermore National Laboratory)의 공동 연구에서 발견된 원소다.

이미 밝혔지만, 전자는 모든 원자에서 무게에 영향을 줄 만큼 크지 않다. 그러나 원자에 속해있는 전자는 그 원자의 모든 에너지를 가지고 있다. 다전자 원자들(헬륨부터 시작하여 더 무거운 원자)에 존재하는 전자들이 서로 섞지 않고 행동할 수 있는 것도, 그들 모두는 다른 에너지 상태에 있기 때문이다. 거의 같은 에너지 상태에 있더라도 그중 하나는 정방향($\uparrow$)으로 그 다른 하나는 그 반대 방향($\downarrow$)으로 회전하는 자전 운동으로 그들은 구분되고 있다. 전자는 빛의 속도로 움직이는 입자로 우리에겐 아직도 안개 넘어 어렴풋한 세상에 숨어있는 수줍은 소녀 같은 존재지만 그들은 서로 다른 파동의 영역에 존재하고 있어 서로를 간섭하지 않는다.

2.2

물의 양자화

리그던(John. S. Rigden)은 이렇게 말한다.

"과학자들은 자연의 궁극적인 비밀이 완전하게 밝혀질 것이라 믿는
경향이 있다. 나는 이러한 학자들의 낙관적 성향에 경종을 울리는 의미
에서 'H는 수소(Hydrogen)이며 동시에 겸손함(Humility)이다'라고 하고
싶다."[38]

물 분자의 모든 에너지는 두 개의 O-H 결합에 감추고 있다. 춤추는
무녀의 아름다운 율동이 전자들의 진동이라면, 그 움직임은 그들이 가
진 모든 것이고 멈출 수 없는 힘이다. 이 멈추지 않는 진동은 처음과
끝이 같다. 그들의 진동은 처음부터 끝까지(탄생부터 파괴까지) 같은 크
기로 움직이는 율동이기 때문이다. 에너지의 출입도 양자화 되어 있
다. 꼭 주는 것만 받고 가질 수 없는 에너지는 받을 수 없다. 양자 세

상의 거래는 그러하다. 그래서 그들은 겸손(謙遜, humility)을 안다. 그러나 만유인력의 세상의 모든 운동은 처음과 끝이 같지 않다. 홈런포를 맞고 날아가는 멋진 야구공이 공중에서 포물선을 그리며 낙하하는 짜릿한 풍경을 미분하고 적분하면 그들이 가진 전체의 에너지가 계산된다. 하지만 양자 세상의 계산법은 다르다. 기차가 달려가고 사과가 떨어지는 풍경도 양자들의 세상에서는 없다. 고정된 크기와 강함으로 움직이는 춤사위, 바로 그들의 에너지다. 물의 두 O-H 결합 에너지는 각각 독립적이며 그들이 만든 전자의 벽을 서로 넘지 않는다. 이것은 한 분자 궤도에 있던 전자가 인접한 궤도로 전이할 수 없음을 의미하는 것으로 한 울타리 안의 전자가 전자의 벽을 넘어 인접한 공간으로 이동할 수 없음을 말하고 있다. 따라서 물(H_1-O-H_2)의 두 결합은 각각 독립적이며, 'H_1-O'과 'O-H_2'의 각각은 독립된 개별자들이다.

물의 양자화는 수소와 산소 원자가 모여 반응하는 순간에 그들이 가지고 있던 큰 에너지를 버리는 것으로부터 시작되었다. 세상에 남겨진 그들에게는 수소 둘과 산소 하나를 묶을 수 있는 에너지가 그들이 가진 전부이다. 그리고 큰 에너지가 머물던 공간은 낡은 복마전(伏魔殿)처럼 비어 있다. 수소가 산소를 만나 물이 되는 것이 그들의 본성이라면 새롭게 탄생한 물에 남겨진 에너지는 떠나버린 것들에 비해 형편없이 적은 양이다. 비록 더 많은 에너지가 남겨졌다고 해도 그들은 그것을 담을 수 있는 그릇마저도 이제는 없다. 열과 빛으로 한꺼번에 빠져나간 에너지는 양이 많고 너무나 뜨거워 커다란 폭발과 함께 물 분자를 우주로 날려버렸다. 그들은 고온과 거대한 폭발음 속으로 흩어져 우주의 시간으로 긴 세월을 등방성 전파(isotropic wave)[39]라는 우주의 가장 오래된 소리를 들으며 떠돌아다녔다. 우주가 식어 그들이 돌아왔다. 그러나 그들이 돌아온 곳은 에너지의 바닥이었다. 아무것도 없는 황량한 부서지고 망가진 황량한 복마전, 그곳이 그들의 공간이다. 그들은 살아남기 위해 겸손을 배워야 했다. 그리고 서로에게 손을 내밀었다.

물은 수소와 산소라는 다른 본성이 만나 태어난 양자들의 자손이다. 그들은 대칭(symmetry)이라는 본성으로 다시 만나 새로움을 창조하였다. 분자 궤도 함수(molecular orbital)이다. 이 대칭성은 원자 궤도 함수(atomic orbital)에 출발해 본성으로 돌아가려는 강한 경향성을 가지고 있다. 그들은 남겨진 모든 에너지를 대칭성을 기본으로 설계된 좌표 위에 올려놓았다. 그리고 물의 에너지는 그들을 구성하고 있는 원자들이 가졌던 에너지보다는 한참이나 아래쪽에 그들이 가진 모든 것을 담았다. 그 에너지 차이만큼을 우주에 버렸기 때문이다. 그들이 가진 모든 에너지를 결합(bonding)이라고 하는 빈집에 담았다. 그리고 떠나간 에너지의 빈집(antibonding)은 원자들의 본성을 향해 높게 올려두었다. 이 빈집은 돌아올 수 없는 전쟁터에서 전사한 양자(quantum)들의 집이다. 전쟁터에서 전사한 아들이 살아있다고, 어머니를 속이기 위한 거짓부렁이 같은 것이다. 분자들의 형성은 처음부터 이러했다. 그리고 이 모든 새로움을 담아 만든 설계도를 분자 궤도 함수(molecular orbital)라 명명하였다. 분자 궤도 함수는 원자 궤도 함수의 공간과는 다르지만, 원자의 공간과 에너지를 그대로 닮아있다. 그러나 그들은 다시 과거로 돌아갈 수는 없다. 거기에는 자연을 역행을 막아서는 시어머니 같은 엔트로피의 질서가 엄연하기 때문이다.

물, 아무것도 할 수 없는 그들은 원자와 절연된 불모의 시간을 뒤로 하고 살아남기 위해서는 현명해져야 했다. 물 분자들은 지혜의 샘에 꼭꼭 감춰두었던 새로움으로 생존을 위한 행동을 시작했다. 빈손을 펼쳐 든 것이다. 그들의 하나하나는 너무나 가벼워 지상에서는 존재할 수 없다는 것을 알고 있다. 그들은 서로의 손을 잡았다. 생존을 위해서는 어쩔 수 없는 선택이지만, 겸손해진 것이다. 그리고 집단을 만들었고 더 큰 집단으로 발전시켰다. 그리고 세를 불려 뻔뻔하게 살아가는 방법도 개발하였다. 이것이 모순 속에 생존하는 최소한의 방식이라면 그들은 서로 밀고 당기는 뻔뻔한 거래를 통해서만 스스로 살아갈 수 있다는 것도 깨달았다. 물 분자들은 이 뻔뻔한 거래를 통해 거대집단을 만들고 수증기를 만들고 구름을 만들고 얼음과 바다와 시냇물도 만들었다. 거기서 얻은 힘으로 생명을 잉태하는 보금자리도 제공하였다. 여기서 물의 뻔뻔함이란 수소결합이라는 물 분자가 가지고 있는 단순하면서도 누구도 건드릴 수 없는 물리 현상이다. 이렇게 물은 모든 생명이 살아가는 데 필요한 기본적 질료를 제공하고 에너지의 흐름에 편승하여 그 흐름의 한가운데 와 있다. 자식을 위한 어머니의 수고가 이러했을까? 이 집단이 이루는 강력한 힘은 수소가 포함된 모든 화합물에서 나타난 물리적 힘으로 물질의 성질에 크고 작은 영향을 미치고 있다.

2.3

탄산가스와 물

　　탄산가스는 하나의 탄소와 두 개의 산소가 만나 그들이 가졌던 따뜻함과 부드러움 그리고 차가움의 에너지를 모두 태워버리고 재(ashes)로 남겨진 것들이다.

　　탄소 왕국을 떠난 탄산가스는 그들의 몸을 스스로 태워버리고 생존에 필요한 최소한의 에너지만을 노동의 대가로 받아 고향으로 돌아가는 사마리아의 착한 순례자 같은 것들이다. 혹은 몇 푼의 새경을 받고 주인을 떠난 머슴이라는 표현이 더 적절할지도 모른다. 서서히 진행되던 그들의 산화 과정에는 자신을 태워 에너지를 제공해야 하는 비통함을 포함하고 있다. 가슴살을 뜯어 새끼에게 먹이는 펠리컨의 모성이 그런 것일까? 그들은 스스로 태워서 재가 된 것들이다. 그래서일까? 이들은 물과 다르게 주변을 인정하지 않는 외톨이들이다. 이들은 자신들의 주위를 이중결합이라는 견고한 방호벽으로 둘러쳐 다른 물질들의 접근을 막을 수 있다. 탄산가스가 가진 이 전자의 이중 성곽은 분자성을 보존하기 위해서는 매우 적절한 기능으로 작용하고 있다. 그들을 구성한 대칭성도 쉽게 다른 분자의 공격을 허락하지 않는 특이성이라 할 수 있다. 탄산가스는 탄소를 중심으로 양쪽 끝에 주인을 불태운 산소가 주인을 지키고 있다. 아이러니한 분자다. 이 유연성 없는 기하학적 구조를 가진 탄산가스는 다른 분자와 반응하지 않고도 우주 공간에 긴 시간을 머물 수 있다. 그 능력은 온난화의 관점에서 본다면 부정적 개별성이지만, 오랫동안 하늘에 머물 수 있는 강한 분자로서 이 세상의 주인이라는 외로운 지향성을 가지고 있다.

그런데도 물의 간교한 꾐에는 그냥 넘어가는 무장이 해제된 병사 같은 기체가 탄산가스다. 그들은 먼저 대기 중에 널리 퍼져있는 수증기와 유사 결합을 만들기도 하고 빠르게 자존심을 버리고 탄산이 되기도 한다. '섣달 큰아기 마음이 바쁘다'라는 속담 같지 않은가? 탄산가스의 방어용 이중결합은 물을 만나면 빠르게 성곽이 무너져 버린다. 콧대 높던 개별자가 하루아침에 물의 유연함 속에 녹아든 것이다. 그러나 이렇게 결합한 물과 탄산가스는 완전하지 못하고 아랫도리가 펑퍼짐한 가을의 서리를 뒤집어쓴 쑥부쟁이(들국화) 같은 탄산을 세상에 내놓는다. 결국은 그들은 탄산가스의 견고함도 물의 안정함도 잃어버린 결여의 화합물(lacked compound)이 되었다. 이온 결합과 공유 결합의 중간쯤 되는 느슨하고 어정쩡한 이 화합물은 이제 막 결혼한 신혼부부의 흐트러진 모습과 비슷하다. 이들이 내놓은 신혼집은 선상 구조에서 평면 구조로 변한 형태로 중앙에 탄소가 있고 정확히 120도의 결합각을 가지고 있으며, 세 개의 가지의 끝에는 주인을 불태웠던 산소가 자리한 평평하고 대칭성($3C_2$, C_3, $3\delta_v$, δ_h)이 뚜렷한 평면 삼각의 구조로 되어 있다.

그러나 이 탄산이라는 신혼집은 견고하지 않다. 탄소를 중심으로 하나의 이중결합과 두 개의 이온성 단일 결합이 이 신혼집의 구성이지만, 이런 느슨한 분자의 구조가 다음 세대를 낳는 초석으로 작용했을까? 탄산은 대기권에서 빠져나와 모든 생명체의 골격을 이루는 물질로 수권과 지권 그리고 대기권에 고루고루 존재하는 기체로 탄산가스의 혼백이 담긴 개별자로 남아있다.

탄산가스가 다른 분자로 바뀌는 과정도 그들이 가졌던 겉모양을 바꾸는 변화부터 시작한다. 화학자들은 이 모든 과정을 중간체의 기교(技巧, technical skill)라고 말하고 있다. 개별자의 자존감으로 똘똘 뭉쳐있던 탄산가스는 물과 사랑 싸움의 패자이지만, 탄산(H_2CO_3)이 되어 물속에 흩어져 있다. 그 영향으로 물은 산성이며 어디나 존재하는 흔하디흔한 현존이다. 그러나 물과 탄산가스의 결합은 온전하다.

탄산가스는 때로는 콜라병의 21개의 뚜껑 주름 안에 갇혀 누군가가 열어주기를 바라고 있는 신세가 되기도 한다. 왠지는 모르지만, 병뚜껑의 21개 주름은 탄산가스를 병 속에 가두는 최상의 방법으로 알려져 있다. 20개도 22개의 주름도 아닌 21개의 주름을 가진 병뚜껑만이 탄산가스를 병 속에 안전하게 가둘 수 있는 최고의 방법이라고 한다. 여기에서 주름의 크기는 상관하지 않는다.

2.4

산도(Acidity)

"만약 신이 하나의 단어로 세상을 창조하였다면 그 단어는 분명 수소
였을 것이다."

- 할로 섀플리[40]

탄산가스가 물을 만나 생성된 탄산이 물에 녹아 있는 무기 이온들
과 반응하여 탄산염이라는 난용성 화합물을 만들면, 빗물이 그들을
실어 가 바다의 성분이 된다. 탄산은 물에 녹아 약산성을 나타내며 물
의 산도를 이론적 물보다 거의 열 배 더 증가시킨다. 이것은 10만 개의
탄산 분자 중에 한두 개 정도가 이온화되어 물속의 수소 이온(양성자,
H^+)이 됨을 의미한다. 만약 물속에 식초(CH_3COOH)가 첨가된다면 산도
는 더 낮아져 1만 개의 식초 분자는 물속에서 한두 개 정도가 해리되

어 산으로 작용하게 된다. 산은 이렇게 물속에서는 자유롭게 움직이는 수소 이온의 수에 따라 그 강도가 정해진다. 산의 세기가 강하면 강할수록 더 많은 양성자가 해리되어 물속에 녹아 있게 되고 이 바람난 수소 이온(양성자, H^+)들이 물속에 늘어나면 산도는 증가하고 신맛도 강해진다.

그렇다면 강산과 약산이란 무엇인가? 이것은 양성자의 농도가 수용액 중에서 기준치보다 많으면 강산이라 하고 적으면 약산이라고 한다. 그 기준은 탄산의 산도가 분기점이다. 그러면 왜 강산과 약산이 생기는 것일까? 이 경우는 다시 바람둥이 첩의 행동을 잘 궁리해보면 금방 이해할 수 있다. 주인이 첩에게 재산(전자)을 적게 주던지 아예 주지 않으면 첩은 떠나야 한다. 혹은 떠날 수 있다. 사랑이 식어버린 첩이 재산 말고는 무엇에 관심이 있겠나? 그러나 어느 정도 재산이 주인과 첩 사이에 겹쳐 있으면 첩은 그 재산을 버리고 쉽게 떠날 수 없다. 바꾸어 말하면 산의 성질을 나타내는 분자가 전자를 수소 쪽으로 보내어 양성자 주위에 머물게 하면, 수소 이온은 쉽게 떠날 수 없지만, 수소 쪽에서 이것을 거두어들이면, 수소는 주인의 지배에서 벗어날 수 있어 자유롭게 떠나거나 눈치를 보며 떠날 수 있다. 강산과 약산을 다시 정의해보자. 물속에 녹아 있는 산성 물질(Ac·H)의 수소 이온(양성자, H^+)이 주인에게 모든 것을 다 주고 떠나면, 강산(양성자가 자유롭게 떠날 수 있는 상태)이고 식초의 경우처럼 극히 제한적인 일부만 떨어져 나오면(눈치를 보며 떠나는 상태) 약산이라고 정의한다. 산의 형성을 나타내는 일반식은 $HAc \rightleftarrows H^+ + Ac^-$이다. 산의 소재인 AcH(주인과 첩)와 주인으로부터 분리된 H$^+$(첩) 그리고 Ac$^-$(주인), 이 셋이 모두 반응조에 존재하면 이 기구는 약산(HAc $\rightleftarrows$ H$^+$ + Ac$^-$)이고, 평형 전부가 오른쪽으로 기울어져 H$^+$와 Ac-만 존재하면 강산이다. 그 표현은 HAc $\rightarrow$ H$^+$ + Ac$^-$이다. 강산의 경우 HAc라는 화학종은 더 이상 존재하지 않는다. 모든 첩들이 주인을 떠나 스스로 H$^+$와 Ac$^-$로 가버렸기 때문이다. 예컨대, 염산의 경우, HCl$_{(g)}$(기체 상태의 염화수소, 공유결합)이 물을 만나 H$^+_{(aq)}$(물속에 녹아 있는 양성자)와 Cl$^-_{(aq)}$(물속에 녹아있는 염소이온)로 나누어진다. 그러나 이 새로 생겨난 이 두 화학종은 다시 HCl$_{(g)}$(기체 상태의 염화수소)로 돌아갈 수가 없다. HCl$_{(g)}$ $\rightarrow$ H$^+_{(aq)}$ + Cl$^-_{(aq)}$가 되었기 때문이다. 이 상태는 물 분자들이 새로운 이온 주위로 몰려들어 염산의 착화물을 형성하고 있는 모습이다. 이들의 동거(염산과 물)는 두 종류의 전혀 다른 형상으로 나누어져 물 분자처럼 행동한다. 염산과 물 사이의 관계는 H$^+$···(OH$_2$)$_n$와 Cl$^-\rightarrow$(HOH)$_n$로 양성자의 경우 산소로부터 전자를 받고(H$^+$···O) 염소이온은 물의 수소에 전자를 제공(Cl$^-\rightarrow$ O)하여 물의 뭉치가 만들어진다. 이 현상을 다시 표현하면 염산 기체가 물에 빠지면 물은 이 잘생긴 첩의 귀태를 보기 위해 벌떼처럼 모여든다. 그리고 금방 둘러서 쌓아버린다. 이 과정에서 양성자는 몰려든 물 분자들에 의해 포위되어 착화합물[H+(H$_2$O)n]이 되고, 이 뭉치(cluster)는 물처럼 행동하게 된다. 따라서 물속에는 공유결합성 HCl$_{(g)}$은 존재하지 않는다. HCl$_{(g)}$은 기체 상태고 H$^+$(aq)은 수화된 수소 이온이며 Cl$^-_{(aq)}$도 마찬가지로 수화된 염소이온이다. 이 평형식을 나타내는 방식은 쌍방화살표로 표시하지 않는다. 한쪽을 표시하는 일반식이 정답이다. 그리고 약산인 식초는 양방향

화살표 혹은 평형을 나타내는 등호(equal)로 표현해야 한다. 그 속에는
물의 공격으로 분해되지 않은 주인이 남아있기 때문이다.

강산: $HCl(g) + nH_2O(l) \rightarrow H^+(aq) + Cl^-(aq)$

약산: $CH_3COOH + nH_2O(l) \rightleftarrows H^+(aq) + CH_3COO^-(aq)$

이제 우리의 바보스러운 친구 탄산으로 다시 돌아가 보자. 탄산은
간살맞은 물과 탄산가스의 우둔함이 만나 형성된 작품이다. 모든 것
을 철저하게 감춘 외톨이 탄산가스는 물이라는 신붓집에 더부살이하
는 신세로 사는 곰살궂은 풍경이다. 그러다 보니 동료들이 하나둘 하
늘에서 물로 빠져 사라지는 것도 모르고 살고 있다. 여기서 어떤 학생
이 "왜 자연을 꼭 이해하기 쉽지 않은 반응식으로 표현해야만 하느
냐?"고 질문을 해온다. 잠시 당황스럽다. 자연을 표현하는 가장 쉬운
방법이 반응식이기 때문이다. 나는 위의 강산을 나타내는 반응식을
학생에게 읽어보라고 하였다. 그 학생은 "에이치 시엘 플러스…", 나는
다시 자연 현상처럼 읽으라고 하였다. 그 학생은 머뭇거린다. 왜 그럴
까? 반응식을 자연 현상으로 보고 있지 않다는 증거이다. 그 머뭇거림
에는 반응식을 그저 하나의 사차원을 표현한 수학식으로만 보고 있다
는 것이다.

화학 반응식은 자연 현상이고 그것을 표현하는 수학적 방법에 불가
하다. 다시 풀어서 자연 현상을 말로 설명해보자. "분자로 존재하는 염

화 수소 기체는 물을 만나면 물에 녹은(수화된) 양성자와 수화된 염소 이온으로 분해되어 물속에 머물게 된다. 이들은 물에 녹아 강산을 나타낸다. 그것은 수화된 양성자와 염소 이온이 그 현상을 벗어날 수 없는 착화물을 만들었기 때문이다." 이것이 염산이 수화되어 강산으로 존재하는 반응식의 표현이다. 반응식보다는 긴 설명이다. 이것을 간결하고 명확한 수학식으로 표현한 것이 반응식이다. 반응식을 보면 먼저 그 현상을 생각하는 것은 상식이다. 학생들은 고개를 끄덕였다.

2.5

하늘의 꿈, 무덤의 꿈

그리고 파도가 치듯 떠나는 사물들을, 네 끊임없는 사색으로 붙잡으
리라.

- 괴테

무덤에도 꿈이 있을까? 물은 지상에 있는 거의 절반의 화합물을 녹
여 더러는 용해된 분자 상태로, 더러는 이온으로 만들 수 있다. 용해된
화합물은 원형이 그대로 보존된 상태로 수화되어 AB_{aq}의 모양으로 존
재하지만, 이온은 화합물이 분자가 두 부분(이온)으로 분리되어 수화된
상태, A^{+}_{aq} 와 B^{-}_{aq}로 존재한다. 물속으로 녹은 용질 중 설탕과 같은 유
기물은 물에 녹아서도 원형을 그대로 유지하고 있다. 설탕은 극성이라
는 물리적 성질을 이용하여 물 분자들을 주위로 불러들여 둘러쌓아

물의 덩어리(cluster)를 만들면, 설탕은 물의 뭉치가 되어 물처럼 행동할 수가 있다. 이온 화합물로 소금(NaCl)이 물에 녹으면 양이온(Na^+_{aq})과 음이온(Cl^-_{aq})으로 나누어져 이혼한 부부처럼 하나는 양으로 그리고 나머지 하나는 음으로 각각 자유 행동을 한다. 여기서 aq라는 표현은 물이라는 의미의 영어 aqueous로 개수를 헤아릴 수 없이 많은 물 분자에 포위된(수화된) 이온이라는 의미로 쓰인 화학 용어이다. 몇 개인지는 모르지만 선택된 이온 주위에는 많은 물 분자가 일차로 주기율에 따라 배열하고 그 주위에 다시 이 차 포진이 수소결합으로 이루어지고 계속해서 여러 겹으로 둘러싸인 물의 뭉치(cluster)가 형상된다. 그러므로 분자나 이온이 물에 녹으면 물의 뭉치가 되어 물과 같이 행동하게 된다. 이온이나 분자들이 물의 뭉치가 되는 것, 이것이 '녹는다'라는 물리 작용이다. (2.4 참조)

탄산가스가 물에 빠지면(녹으면) 창공을 떠돌 때 그가 지니고 있던 개별자로서 가졌던 모든 것을 버려야 하는 손해 보는 장사를 한다. 이 탄소 기체는 물과의 반응($H_2O + CO_2 \leftrightarrows H_2CO_3$)으로 먼저 탄산($H_2CO_3$)을 먼저 만들어 그 안으로 금속 이온을 불러드리면, 탄산염[$M(CO_3)_2$, $M_2CO_3\cdots$]이라는 어정쩡하고 불안정한 공유 반 이온 반의 성질을 가진 물질이 된다. 반듯한 몸매에 탄탄한 방호벽까지 지녔던 탄산가스는 간 곳이 없고, 어정쩡하고 펑퍼짐한 구조를 가진 '결여의 삼각형'으로 변해 버린다.

'결여의 삼각형'이란 탄소 하나가 중앙에 있고 그 주위를 그를 불태운 산소 셋이 공평하게 공간을 나누어 가진 평면 삼각형(planar triangle)

으로 구성된 이온(CO_3^{2-})을 말한다. 탄산 이온으로 행동하는 이 개별자는 이중결합 하나와 단일 결합 둘로 형성된 2가의 음이온으로, 완전한 공유도, 완전한 이온도 아닌(공유성 이온 결합), 120도의 평면 구조 화합물이다. 이 구조는 대칭성이 뚜렷한 만화경(萬華鏡, three mirror system) 속의 영상처럼 아름답지만 견고하지 않다. 이 새로 탄생한 지능이 떨어진 것들(탄산)은 금속 이온들과 반응하면 물에 잘 녹지 않는(일부만 녹는) 탄산염의 백색 분말이 되어 서서히 바다 밑바닥에 가라앉아 스스로 무덤에 갇히게 된다. 일 순간의 풋사랑 같은 물의 유혹에 빠져 암흑의 바닷속에 묻혀버린 이 주검은 긴 시간을 무덤의 주인으로 명멸의 순간들을 지키고 있다. 그 주검은 꿈과 현실 사이에 있었던 실수마저도 시간 속으로 산화되고 바래진 바다의 주인이 되어 맑고 깊은 창공을 선회하던 때를 꿈을 꾸고 있다. 그러던 어느 날, 암흑의 바다가 무덤과 함께 솟아올랐다. 햇빛 아래에 반짝이며 날고 싶었던 무덤의 꿈은 이루어졌다. 시간의 작은 순간들은 다시 무덤을 다듬어 수많은 색과 빛으로 컴컴했던 바닷속의 기억을 지워버렸다. 그리고 무덤 속의 이야기를 그곳에 풀어 놓았다. 진주의 슬픈 이야기, 푸른 개의 이야기, 그리고 할머니가 전해주던 왕바위의 모퉁이의 해묵은 전설까지, 시간의 궤적을 상실한 그들의 수런거림은 그들만의 소리로 우리는 알 수가 없지만 분명 그들은 다시 하늘을 날아갈 꿈에 부풀어 있다.

빗물은 다시 흐르기 시작했다. 그 흐름에 실려 온 무덤의 주인들은 생명체로 들어가 그의 영양분이 되기도 하고 공장을 돌리는 물속에 있기도 하고 식수가 되기도 하고 식물의 뿌리를 통해 다시 유기물의 혈관으로 입성하기도 한다. 그래서 그들에게는 과거도 미래도 진부한 윤회에 불과하다. 그들에게는 오직 창공을 퍼덕이며 날고 싶은 꿈이 있을 뿐이다. 생명을 타고 흐르는 시간도 그럴지 모르지만, 그 윤회의 흐름 속에 놓인 바다 밑 무덤들은 영원히 생명을 키워내는 질료로 남아있다. 다시는 돌아갈 수 없는 고향 하늘을 그리워하는 그들에게는 또다시 윤회하는 낡은 시간이 먼 길을 돌아 그 앞으로 다가온다.

이 흐름 속의 탄산이 남성이라면 그는 물이라는 섬세한 여성 앞에 공손해진 도령과 같다. 어정쩡하고 영리하지 못한 이 바보들은 수억 년을 참아온 내공으로 사방에 흩어져 바위를 공격하고 얻은 전리품들을 다시 물속에 풀어 놓는다. 물은 이들이 바위를 녹여 운반해온 금속 이온들을 제자리로 돌아가지 못하게 포위하고 감시하고 달래서 자신들의 품속으로 가두어 수화된 착화합물$[M(CO_3)_2 \cdot nH_2O]$을 만들고 바닷속 무덤에 갇히는 그들의 일생을 윤회라 해야 하나? 물이 가슴으로 품어 나른 탄산염의 착화합물은 흐르고 쌓여 다시 바다 밑의 구조가 되기도 하고 갑각류의 딱딱한 껍질이 되기도 하고 물고의 골격을 만들기도 하지만, 그들은 옛날 옛적 하늘을 날갯짓하여 날던 오래된 꿈속을 퍼덕거리며 날고 있다. 꿈속에서라도 그들은 창공을 날던 그리운 것들을 만났을까?

탄산가스는 물과의 타협으로 자신을 바이오매스와 수권과 지권에 넘겨주고 현재는 대기 중에 0.038퍼센트라는 추적하기도 어려운 적은 양만 남아있다. 그러나 그 적은 양이 현재는 문제의 중심에 와 있다. 거기에 인간의 지혜가 빚어낸 개입이 있었기 때문이다. 신이 만든 정원에 인간은 사금파리 같은 지혜를 심은 것이다. 큰 실수였다. 불을 훔쳐 인간에게 주어 제우스(Zeus)의 분노를 샀던 프로메테우스(Prometheus)의 실수 같은 것이다. 그의 실수는 평생 간을 독수리에게 쪼아 먹히는 고초가 강요되었다고 신화는 전한다. 인간의 지혜는 신의 경고를 무시할 수 있을까? 창공은 두려움과 서늘함을 담은 까마귀 소리로 가득하고 창조주는 그 경고에 응징으로 답해올 것이다. 그는 항상 그랬다. 성경에는 인간에 대한 경고가 150번이나 반복해서 쓰여있다. 그때마다 인간은 그의 경고를 무시했다. 그러나 응징은 쓰인 대로 행해졌다. 탄산가스가 0.038퍼센트보다 증가하고 있다는 경고에 인간은 다시 어떤 핑계를 내놓을 수 있을까? "뱀이 저를 꾀어서 제가 따 먹었습니다."[41]라고 핑계를 대는 하와에게 창조주께서는 에덴동산에서 내치시어 흙을 일구며 살게 하셨다. 우리에게도 미래에 대한 불확실성이 점점 가까이 다가오고 있어 마음이 어지럽다. 무덤의 꿈은 이루어진 것일까?

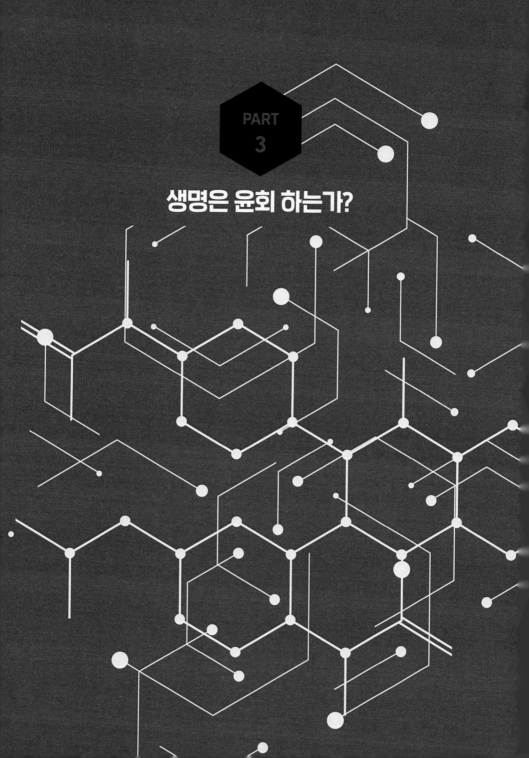

PART
3

생명은 윤회 하는가?

3

생명은 윤회하는가?

　'생명체에서 영혼이 분리되어 이곳저곳을 돌아다니다, 다시 제자리로 돌아오는 것'을 윤회라 정의한다면, '탄산가스가 생명체에서 나와 창공을 떠돌다 다시 생명체로 돌아가는 것' 또한 윤회의 한 과정이다.

3.1

태양의 기적

생명이란 단순함에서 복잡함으로 이어지는 엔트로피의 증가를 타고 퍼덕이는 날갯짓 같은 것이다.

생명체는 그들을 구성하고 있는 크고 작은 분자들이 연결된 세포들의 생명 활동으로 살아간다. 생명을 나르는 세포 속의 원소는 137억(138억 년으로 보는 견해도 있다) 년 전 빅뱅에서 시작된 우주의 탄생이 가져다준 오래된 존속(尊屬)들이다. 그들은 우주를 떠돌기도 하고 땅에 묻히기도 하고 물과 함께 흐르기도 하고 하늘을 날기도 하던 것들로 돌고 또 돌다 지금 우리의 현존에 와 있다. 이 윤회하는 원소들이 지나온 과정은 엔트로피의 증가로 이어지는 한 흐름 속에 있었다. 빅뱅과 함께 출발한 엔트로피는 양의 방향으로만 흐르는 함수로 시간과 함께 흐르고 있다. 그렇기에 그들에겐 음의 방향이 아예 없다. 시간과 엔트로피는 같은 점에서 태어나 미래로 향하고 있기 때문이다. 물질이 생명이 되는 경이로운 현상에는 창발성(創發性, Emergent Properties)이라는 흥미로운 특이성이 있다. 자연계에 나타난 이 현상에서 복잡계의 행동이 언뜻 보아서는 무질서해 보이지만, 복잡계는 혼돈보다는 질서로 이동하는 흐름이라는 특징을 가지고 있다. 예컨대 단백질 분자는 생명력이 없지만, 그들이 모여 만든 세포는 살아 있다. 이처럼 하위 구조에는 없지만, 상위 기관에서 나타나는 현상이 바로 창발성이다. 이것은 또 남이 하지 않은 것을 새롭게 밝혀내거나 이루는 성질 혹은 기질로, 생명체에 적용한다면 단순한 것에서 복잡한 것으로, 작은 것에서 큰 것으로 조직화하여가는 엔트로피의 한 과정과 같다. 이 새로운 특성은 하위 체계에서 생겨나지만, 다시 그곳으로 되돌아가지 못한다. 생명체는 여러 종의 아미노산을 부품으로 한 합성된 단백질에 의해 운영하고 있다. 여러 종의 아미노산이 일렬로 연결되어 만들어지는 것이 단백질이다. 이때 사용되는 아미노산의 종류, 개수, 배열 순서에 따라 서로 다른 단백질이 만들어진다. 이 단백질이 모여 하위 구성에서는 없던 생명을 담아 나르는 현존으로 발전하고 있다.

물질 중에서 생명과 관련이 있는 가장 중요한 원소는 탄소다. 모든 생명체는 탄소 골격으로 만들어진 고분자가 기본적 구성이기 때문이다. 생명체에 탄소를 공급하는 임무를 수행하는 물질은 탄산가스가 유일하다. 이 기체는 생명체 속에서 일어나는 모든 생명현상을 수행하는 물질을 만드는 재료로, 먼저 태양의 도움으로 생명체 안에 들어와 글루코스를 만들고 다양한 방법으로 다른 원소들과 결합하여 긴 생고

분자를 만들어 생명을 담아 나른다. 그러므로 탄산가스는 생명을 담아 나르는 하늘의 요정이며 생명의 기본적 질료가 된다.

탄산가스가 바람결에 실려와 나뭇잎에 내려앉으면 하늘의 에너지는 그를 풋것들이 운영하는 나노 공장으로 불러들여 그가 해야 할 일을 맡긴다. 그의 일은 물과 태양이 제공하는 에너지로 글루코스로 변신해 식물의 혈관 속의 흐름이 된다. 이 과정에서 물의 분해로 발생한 산소는 계의 밖으로 버려진다. 작은 것에서 큰 것으로 간단한 것에서 복잡함으로 이동되는 자연의 섭리는 아주 짧은 순간이지만, 글루코스가 만들어지는 나노 공정에는 적용되지 않는다. 왜냐하면 이들은 하늘에서 내려주는 태양 에너지(양자 에너지)의 지배 아래에 있는 나노 과정이기 때문이다.

탄산가스가 태양이 내리쬐이는 녹색식물의 이파리 위에서 매우 짧은 순간(나노 시간)에 매우 작은 공간(나노 크기)에서 태양이 제공하는 에너지(나노 에너지)를 이용해 생명체 안으로 입성하는 과정은 세상의 여러 방법으로는 측정되지 않는다. 그렇지만, 이 신비스러운 나노 반응으로 만들어진 글루코스에는 태양의 인장이 찍혀있다. 태양의 인장이란 글루코스의 생산 과정에 생산된 물질은 구조적으로는 동일성을 가진 화합물로 탄생하지만, 광학적 이질성을 가진 두 개의 물질의 혼합물이라는 특성으로 나타난다.

그 인장이 찍힌 두 생성물(개별자)은 D와 L이라는 특이성(specificity)으로 구분된다. 오른쪽 회전형(D-form)과 왼쪽 회전형(L-form)이라는 새로운 종의 분류가 바로 그것이다. 이 둘은 열적 조건 아래에서 만들어진 물질과 구조적 이질성(structural heterogeneity)은 없다. 태양은 그의 존재를 구조적 동일성(structural identity) 위에 업그레이드된 흔적으로 남겼기 때문이다. 얼핏 이해하기 어려울 수도 있지만 빛이 만든 새로운 화합물은 마치 오른손과 왼손이 닮았지만, 이 둘이 서로 겹칠 수 없음과 같다. 이 둘은 모양이 꼭 같은 쌍둥이들이다. 그러나 거울을 보듯 손바닥이 마주칠 때만 둘이 겹친다. 이 겹침을 화학에서는 키랄(chiral)[42] 구조라 한다. 그것은 손바닥이라는 그리스어에서 유래된 화학 용어다. 키랄성(chirality)은 빛이 만든 물질이 가질 수 있는 특이성(specipicity)이다. 이들은 반반씩 섞여 있어, 이것을 라세미 혼합물(racemic mixture)[43]이라 한다. 라세미 혼합물은 구조적으로는 같지만, 오른손과 왼손 사이에 거울을 두면 거울상(mirror image)을 통해 둘은 겹칠 수 있어 거울상이성질체(enantiomer)[44]라고 표현하기도 한다. 이들은 또 광학이성질체(optical isomer)[45]라고 표현하기도 하고 거울 쌍(enantiomeric pair) 분자들로도 통용된다. 광학 활성(optical activity)을 가진 이 분자는 대부분 생물학적 특이성으로 만유인력의 세상에 나타난다. 오른쪽 회전형과 왼쪽 회전형이라는 광학이성질체는 현재 많은 의약품의 제조에 이용되고 있다. 왜 이 키랄 분자들이 생물학적 이성질현상을 가지는지는 잘 알려지지 않았지만, 광화학 반응의 결과물은 그들의 숨겨진 특성을 여지없이 바이오매스로 보여주고 있다.

이 두 광화학적 화합물들은 그 특이성을 생물학적 반응으로 나타내는 경우가 많다. 하나는 약성(drug properties)으로 그리고 다른 하나는 독성(toxicity)으로 작용하는 경우가 그 한 예이다. 젖산[lactic acid,

$CH_3C^*H(OH)COOH$]의 L-형은 우유 속의 영양분이지만 D-형은 운동 후 흘리는 땀의 성분으로 독성을 띤다. 여기서 C^*는 태양의 인장이 찍힌 점의 표현이다. 또 다른 예로 1968년 독일의 제약회사 그뤼엔탈 (Grünental)이 산모들의 입덧을 완화해주는 기적의 신약(wonder drug)이라고 선전하던 진정제(sedative)를 개발하였고 이를 사용한 산모가 기형아를 낳은 약화사건의 주범이 된 탈리도마이드(thalidomide)[46]도 L-형과 D-형이 섞인 라세미 혼합물이었다. 그러면 왜 구조적 동질성을 가진 분자가 서로 다른 생체 활성을 가지는 것일까? 탈리도마이드는 라세미 혼합체로 그중 L-형은 진정제로서 기적의 신약이라 할 정도의 약성이 인정되었지만, D-형은 태아 조직의 형성을 방해하는 작용으로 1만 명 이상의 기형아가 태어나는 소위 '탈리도마이드 베이비'라는 약화 사건의 주범이 된 약물이다. 그 약화 사건의 설명은 라세미 혼합물에서 찾을 수 있다. 우선 거울 속을 들여다보면 보면 거울 속의 나는 허상이다. 현존의 나와 구조적으로는 같지만, 좌우가 바뀌어 있다. 왼손을 들고 거울을 보면 거울 속의 나는 오른손을 들고 나에게 화답한다. 이 둘은 거울을 중앙에 두고 대칭일 뿐 겹칠 수는 없다. 오른손과 왼손의 다름이 바로 그러하다. 영원히 겹칠 수 없는 이것들은 마치 서로 반대로 돌고 있는 팽이와 같다. 따로따로 돌고 있는 분자라는 팽이가 생명체에 접근하면 한 방향으로만 일정하게 배향하여 돌고 있는 조직은 서로 다른 방향성을 느낄 수 있다는 가설이다. 결과는 너무나 자명하다. 이 생물학적 진실로부터 생명체에 대한 활성에 강한 단서가 되지 않을까? 그 약화 사건을 일으킨 원인은 D-form의 이성질체는 새로

태어날 아기의 팔과 다리와 같은 기관의 성장을 방해하는 것으로 밝혀졌다. 왜 방해가 이루어졌을까? 그것이 입덧이 생기는 임신 후 약 3개월 정도 되는 때 일어나는 현상으로 그 시기는 산모의 뱃속 아기 팔다리의 조직이 생기기 시작하는 때와 같다. 입덧이란 이제 막 세상의 것으로 생겨난 지 3개월밖에 되지 않은 생명체(태아)가 엄마를 다스려 검증이 안 된 새로운 음식에서 얻은 영양소보다 엄마가 이미 확보하고 있던 영양소를 선호해 외부로부터 새로운 영양소가 들어오는 것을 거부해 일어나는 일종의 거부 반응이라는 가설이 있다. 이 가설은 아직 증명되지 않았지만, 입덧이 일어나는 시기와 조직이 형성되는 시기가 같다는데 항상 의심이 가지 않을 수 없다. 여기서 우리의 몸을 구성하는 DNA의 세 구조 중 오른쪽 회전형(right-handed helices)은 둘(B-, A-form)이며 Z-form은 왼쪽 회전형으로 미량 성분이다.[47] 오른쪽 회전형 DNA에 왼쪽으로 돌고 있는 탈리도마이드의 D-form이 접근했을 때 일어날 수 있는 현상은 충분한 고려의 대상이 될 수 있다. DNA라는 기관차가 멈추면 모든 성장도 멈추지 않을까? 이것은 광학이성질 현상과 생물학적 활성과의 상관관계가 앞으로 밝혀야 할 문제라 할 수 있다. 글루코스가 만든 셀룰로스[cellulose $(C_6H_{10}O_5)_n$]는 세상에서 가장 흔한 유기물이자 지구를 덮고 있는 녹색식물의 골격을 이루는 구성 요소이지만 태양의 흔적이 찍힌 화합물의 고분자이다. 이것은 목재를 구성하는 성분 중 약 50퍼센트 정도(면화는 90퍼센트 정도)를 차지하고 있다. 그리고 식물에 필요한 여러 가지 영양소를 만들어 조직에 공급하는 역할도 하고 있다. 모든 생명체 중에서 탄산가스를 분해하여 탄소화 시킬 수 있는 기능은 식물만이 가진 기능이다. 아무리 많은 탄소가 땅속에 묻혀 있어도 물에 녹지 않으면 식물은 그것을 얻을 수 없다. 따라서 석탄과 석유와 같은 화합물은 생명 현상에 관여할 수가 없다. 오직 0.038퍼센트의 공기 중의 탄산가스만이 생명체 속으로 들어갈 수 있는 소명을 가지고 있다. 탄산가스가 숲속에서 만들어낸 첫 번째 화합물 글루코스($C_6H_{12}O_6$)는 나무가 되기도 하고 잎이 되기도 하고 때로는 알곡이 되고 과일이 되어 세상에 자신을 내보인다. 여기서 태양과 녹색 친구들의 조화는 다른 말로 표현할 수가 없다. 기적이다. 식물이 행한 이 기적은 물과 합동으로 시작하여 식물의 혈관을 지나가는 동안 긴 탄소 고리 화합물을 만들어 생명을 거기에다 담아 나른다. 이들이 이렇게 할 수 있었던 것은 하늘에서 내려오는 에너지 다발이 전하는 메시지를 수신할 수 있었기 때문이다. 자연 상태에서 글루코스는 오직 빛의 영역에서만 만들어진다. 그리고 태양은 그 흔적을 그가 만든 이 육각 구조 안에 새겨놓았다. 물리학자 슈뢰딩거는 이 현상을 '음의 엔트로피로 움직이는 자연의 신비'라 했다. 그러나 그의 주장은 그가 『생명이란 무엇인가』를 발표하고 70년이 흐른 지금까지도 논란의 대상이 되고 있다.[48] 음의 엔트로피 체제는 자연의 질서를 위반하기 때문이다.

녹색의 이파리 위에서 일어나는 이 모든 과정은 기적과 같다. 아니 항상 일어나는 기적이라고 해도 괜찮을 것이다. 왜냐하면 이 과정은 생명이 없는 무기물(CO_2)에서 탄수화물[carbohydrate, $C_n(H_2O)_m$]을 생산하는 첫 변화이고 최초의 유기물이 바로 이 공정으로 탄생하기 때문이다. 태양과 탄소가 만든 인장이 찍힌 현존은 햇빛의 향기를 품고 있다.

3.2

살아남기 위한 몸부림: 진화

생명체가 살아있다면 한순간도 진화의 덫에서 벗어날 수 없다. 진화란 생명체가 살아남기 위해 행하는 처절한 몸부림이며 아무도 흉내 낼 수 없는 자신만의 생존을 위한 투쟁이다.

다윈의 『종의 기원』에는 "현존하는 종 중에서 어느 하나라도 자기 모습을 변화시키지 않고서는 자기 종을 미래에 전하지 못한다"라고 하고 있다. '서로 사이가 동떨어져 연락이 끊어져 있는 환경에서 생존해 온 생명체가 동질성을 갖는 예는 없다'는 그의 이 주장은 생명체들이 사는 곳이면 어디서나 볼 수 있다. 고생대의 식물은 잎이 없었다. 오직 녹색의 줄기가 전부였다. 탄산가스가 풍부했던 시기에 줄기만으로도 식물이 필요했던 탄소의 양을 충분히 흡수할 수 있었기 때문이다. 이 시기를 생물학자들은 실루리아기(Silurian Period)[49]와 데본기

(Devon紀)⁵⁰⁾의 사이로 땅 위에 식물이 처음 나타났을 때라고 추정하고 있다. 그러나 지구상에서 탄산가스가 점점 줄어들자 원활한 광합성을 위해 식물의 모습이 변하기 시작하였다. 줄기뿐인 식물에서 잎이 생겨난 것이다. 식물은 그때까지 해오던 광합성의 활성을 높이기 위하여 잎이라는 새로운 소통 창구를 만들었다. 그 흔적은 돌로마이트(Dolomite) 화석에 그대로 담겨 있다. 식물은 탄산가스라는 무기물에 생명을 불어넣어 운반하고 그 과정에서 셀룰로스와 탄수화물을 합성해 자신의 생명을 유지해 왔다. 그러나 생명체들은 탄생의 순간부터 살아남기 위한 처절한 자연과 싸움을 해야 했다. 결과로 살아남은 생명체들은 자신들만의 방법과 모양과 행동으로 자신을 바꾸며 살고 있다. 식물의 잎도 지역에 따라 다르게 진화했다. 크기도 사막 지역과 물이 풍부한 열대지역이 다르게 진화했다. 동물의 진화는 말할 것도 없다. 그들은 서식지나 먹이, 기온 등 주변 환경에 따라 겉모습과 기관을 바꾸며 살아야 했다. 동물의 현재의 모습은 살아남기 위해 모양과 기능이 다른 상동기관(相同器官, homologous organ)과 기원이 다른 상사기관(相似器官, analogous organ)으로 분리된 진화의 길을 가야 했다. 그리고 지금은 퇴화하여 흔적만 남은 흔적기관(痕跡器管, vestigial organ)도 남아있는 진화의 한 토막이다. 사람의 팔, 고래의 지느러미, 박쥐와 새의 날개는 앞다리가 진화해서 생긴 상동기관이다. 새의 날개는 앞다리와 겉껍질이 변해 생긴 곤충의 날개 사이에는 상사기관의 관계가 성립된다. 지금은 퇴화해서 흔적만 남은 것으로, 사람의 꼬리뼈와 사랑니, 두더지의 눈도 흔적기관에 해당한다.

생명체가 살아있다면 한순간도 진화를 거슬러 생존할 수 없다. 살아 있는 매 순간이 진화의 한 과정이다. 따라서 진화란 생명체가 살아남기 위한 처절한 몸부림이며 아무도 흉내 낼 수 없는 자신만의 생존을 위한 투쟁이다.

바람난 첩: 수소

　탄산은 중앙에 있는 카보닐기(C=O)가 두 개의 수산기를 동시에 관리해야 하는 분자[(HO)2C=O]로 한 주인이 두 첩을 거느린 형상이다. 주인(C=O)의 사랑이 완전하지 못한 첩(H+)은 기회를 봐서 떠날 준비를 한다. 그리고 떠날 수 있다. 왜냐하면 주인이 첩에게 재산을 주지 않기 때문이다.

　그들이 공유한 통분(通分)의 공간을 점령하고 있는 두 물질(물과 탄산가스)은 서로 다른 성(性)으로 만나 인연을 맺었다. 그들 중 하나는 양(+)으로 그리고 다른 하나는 음(-)으로 왔다. 이들이 서로를 이어가는 길에는 양의 성질로 무장한 물이 먼저 음의 성질을 가진 탄산가스와 소통해 탄산(H_2CO_3)이라는 새로움이 탄생하면서 시작된다. 탄산은 산의 일종이다. 그렇다면 탄산은 물속에서 분해되어 수소 이온(양성자)을 내놓아야 한다. 반응식은 $H_2CO_3 \rightleftarrows H^+ + HCO_3^-$이다. 이 반응식에서 수소 이온은 탄산 1만 개가 존재할 때 한두 개가 생성될 정도의 적은 양이다. 그러나 이 농도는 물이 공기 중의 탄산가스를 받아들여 산성으로 가는 기준점이다. 그 기점의 산도(pH)는 5.6이다. 예컨대 빗물의 산도가 5.6보다 낮아지면 산성비로 정의하고 있다. 탄산 분자는 물과 탄산가스를 가감 없이 합쳐놓은 형태로 만들어졌다($H_2O + CO_2 = H_2CO_3$). 여기서 생성된 탄산의 분자식을 구조식으로 그려보면 $(HO)_2C=O$로 표현된다. 두 개의 OH기가 카보닐기(C=O)와 결합한 모양새다. 탄산 분자에서 OH 기능기 중에 H가 분해될 확률이 높아 첩이라 했다. 그러나 첩을 둘이나 가진 탄소는 별로 즐겁지 않다. 자신이 중앙에 있으면서 두 개의 OH기를 동시에 관리함으로써 힘이 분산되기 때문이다. 어느 한쪽으로 기울 수 없는 양자들의 세상에서 두 첩을 관리하다 보니 능력은 반으로 나누어질 수밖에 없다. 두 첩도 자기에게 오는 사랑이 탄산이 가진 정열의 반이라는 것을 잘 알고 있다. 주인의 총애를 완전하게 받지 못한 수소 이온(첩)이 기회를 봐서 자유로운 영혼이 되어 떠날 준비를 하는 것도 당연하다. 왜냐하면 주인 행세를 하는 탄소가 자기(수소)에게 별다른 관심을 보여주지 않기 때문이다. 거의 외톨이가 되어가던 수소 원자 주위로 힘세고 잘생긴 방랑자가 나타나면 수소 이온은 보란 듯이 주인을 버리고 떠나버린다. 그러나 떠날 때는 그들이 공유하던 재산(전자)은 모두 버리고 가야 한다. 전자를 버리고 양성자만이 떠난다는 의미이다. 왜냐하면 전자들의 관심은 오직 자신들을 끌어당기는 주인(HCO_3)에게 있기 때문이다. 전자는 양성자를 따르지 않고 주인에게 가버린다. 전자들은 수런거린다. 얻을 것이 있어야 남지!

큰소리는 쳤지만 바람난 첩은 홀로 떠날 수가 없다. 왜냐하면 주인을 버리면서 자신이 가진 모든 것도 함께 버렸기 때문이다. 그녀는 '다 버림'으로 인해 너무 작아져 몸매를 가려줄 한 뼘의 헝겊 조각도 없다. 100미터의 원주 안의 콩알보다 더 작은 입자로 비유되는 첩(양성자)의 세상 나들이는 이처럼 쉽지 않다. 전자의 호위가 없는 양성자는 너무 작아 스스로 존재할 수조차 없다. 첩의 간교한 머리는 다시 굴러가기 시작한다. 물 분자들의 호위를 받아야지! 첩은 다시 물과 거래하여 수화물[(착화합물), $(H^+)(H_2O)_n$]을 만들어 떠날 준비를 한다. 자신의 주위로 몰려든 물을 이용한 것이다. 물속에 둘러싸여 수화된 양성자는 곧바로 잘생긴 음이온들의 짝이 되어버린다. 첩을 잃어버린 주인은 그의 행실대로 물속에 떠도는 잘생긴 금속 이온들과 불안한 동거를 다시 시작한다. 그들이 만든 화학은 여러 금속 이온이 포함된 이온성 유기물인 탄산염이다. 따라서 이 둘(물과 탄산가스)은 모든 자연의 섭리가 그러하듯 처음부터 투쟁이 아닌 만물을 창조하고 성장시키는 대자연의 이치(理致)로 만난 것들이다. 그들은 양자역학이 허용하는 범위 안에서 움직이는 피조물이다. 이 둘이 같은 성적(性的) 혈통을 가졌다면 굳이 다름으로 표현하기가 어려울 수도 있었겠지만, 자연은 항상 상대적 조화를 이렇게 엮어가고 있다. 이것이 자연이 세상을 지배하는 방식이다. 과학적 설명이야 완벽하지만 왜 그렇게 해야 하는지는 우리의 생각으로는 접근할 수가 없다. 왜냐하면, 이것은 창조주의 방식이기 때문이다.

군이 표현하자면 물과 탄산가스로 이루어진 공동체에서 물은 모든 것을 잉태하고 키워내는 어머니 같은 물질이라면 탄산가스는 그들을 외부의 위협으로부터 지켜내고 끊임없이 에너지를 공급해야 하는 아버지 같은 물질이다. 인간의 세상뿐만이 아니라 물질의 세상에서도 에너지를 공급해야 하는 쪽은 항상 고달프다. 아담의 죄 때문일까? 그런데도 탄산가스가 식물과의 손해 보는 거래를 하지 않았다면, 지금의 자연은 존재하지 않았을 것이다. 현재도 물이 있으므로 수권과 지권이 탄산가스를 흡수하여 탄산염을 만들고, 대기권의 탄산가스는 생물권으로 그 농도가 조금씩 조절되고 있다.

3.4

화성(Mars)과 금성(Venus)

화성은 고대부터 인류에게 알려진 행성으로 우주 비행사가 착륙할 첫 번째 형성이 될 가능성이 큰 별이다.

- 에딩턴[51]

물이 풍부하여 파란 별이라 불리는 지구와 반대로 화성(火星, Mars)[52]에는 생명체가 살지 않는다. 지구 환경과 가장 비슷한 행성으로 대기의 온도가 정오쯤엔 15℃가 되는 곳도 있고 물도 있지만, 화성은 생물들이 생존할 수 있는 조건을 형성하지 못한 별이다. 지질학자들이 말하는 생존 가능 영역(habitable zone)이란, ① 액체 상태의 물이 있어야 하고, ② 생물이 살기에 적절한 대기의 온도가 유지되어야 하고, ③ 암석형 행성(rocky planets)이어야 한다. 이 모든 조건을 갖춘 별은 지구와 화성뿐이다. 그런데도 화성에는 생명체가 존재하지 않는다.

그 이유를 살펴보자.

우주에서 상호 연관성이 있는 기관이 정상적으로 운영되지 않으면 나타나는 결과는 실로 대단하다는 것을 잘 보여주는 별이 바로 화성이다. 과거의 화성은 지구보다 따뜻했고, 액체 상태의 물이 흐르는 땅이었다. 화성 표면에 남아있는 물이 흘러간 흔적과 큰 호수가 있었던 지형에 기초하여 30억~40억 년 전에는 물이 있었다는 증거는 확실하다. 그러나 현재는 일부 좁고 제한된 지역을 제외하면 화성은 춥고, 건조하고 물이 없어 사막과 같다. 태양계 행성 가운데 지구와 가장 가까워 생명체가 존재했을 것으로 기대했지만, 생물의 흔적은 없다. 그렇다면, 왜 화성에는 물이 사라졌을까? 학자들은 물이 사라진 원인을 세 가지로 보고 있다.

첫째는 화성에서 과거에 자기장의 붕괴가 있었다. 그 결과 화성의 중력이 줄어들면서 물이 중력의 범위를 벗어나 우주로 사라져버렸다는 설과, 낮은 기온으로 인해 물이 얼어서 땅속 얼음으로 묻혀있다는 설이 지배하고 있었으나, 최근에는 암석이 원인이라는 주장이 새롭게 대두되고 있다. 화성의 현무암은 지구의 현무암보다 더 많은 산화철로 이루어졌다. 그로 인해 생긴 현무암의 미세 구멍이 지구의 산화철보다도 훨씬 많다는 것이 최근 연구 결과를 발표한 전문가들의 견해이다. 이 다공성 현무암은 화성의 지각을 이루는 주요 성분으로, 물을 저장하는 '스펀지 효과(sponge effect)'를 가져와 많은 물을 빨아들여 저장하고 있다는 주장이다. 이 학설은 두 번째 주장과 유사하지만, 전혀 다른 논점에서 접근하고 있다. 그것은 화성의 암석이 가지고 있는 작은 구조적 차이가 화성의 지표에 존재하는 물의 양을 결정했다는 새로운 학설로 산화철의 구조의 작은 차이만으로도 거대한 대륙을 불모의 땅으로 만들 수 있다는 자연의 능력을 말하고 있다.

새벽의 별 또는 새로 난 별이라고 하여 샛별이라 불리는 금성 (Venus)[53]에도 생명체가 살지 않는다. 금성은 해 뜨기 전 동쪽 하늘에 유난히 밝게 빛나는 별로 태양계 행성 중에 태양을 중심으로 둘째 주기에 있다. 현재 금성의 지표 온도는 섭씨 465도나 된다. 대기의 구성은 탄산가스가 96퍼센트이며 대기압도 지구의 95배나 된다. 이는 화성의 지표의 압력이 지구의 바다의 800m 깊이에서 받는 압력과 같은 대기압이다. 이 높은 탄산가스의 농도가 금성에서는 아직도 유지되고 있다. 원인은 거기는 탄산가스를 소모해 줄 어떤 기능도 체제도 가지고 있지 않기 때문이다.

금성에 생명이 살지 못하는 첫 번째 이유는 너무 뜨거워 물이 사라져 버렸기 때문이다. 금성은 지구보다 태양에서 30퍼센트 더 가깝다. 그러나 과거 한때는 하늘을 덮고 있는 두꺼운 황산 구름으로 태양 에너지가 금성의 지표에 도달하지 못해, 지구보다 더 추운 별이었다. 그런데도 두꺼운 황산 구름층의 틈새를 비집고 들어온 적은 양의 태양 에너지는 표면 온도를 상승시켜 465도까지 끌어 올렸다. 탄산가스의 온실 효과가 그 원인이다. 1982년 3월 소련에서 보낸 탐사선 배네라(Venera, Венера, 러) 3호는 사진 몇 장을 보낸 뒤 타버렸다. 그 온도에서는 생명체나 유기물은 존재할 수 없다는 방증이라 할 수 있다. 지구와 금성은 비슷한 양의 탄소를 가지고 있다. 그러나 지구의 탄소는 대부분 고체로 지각에 보존되어 있고, 금성의 탄소는 탄산가스로 대기 중에 머물고 있다. 그 차이가 지구의 평균 온도를 18도에 머물게 했다면, 금성의 지표 온도를 465도까지 끌어 올렸다. 지구에서는 0.038피피엠(ppm)의 탄산가스가 온실 효과를 일으킨다고 소란이지만 금성의 96퍼센트나 되는 대기 중의 탄산가스와 비교할 수는 없다. 금성의 하늘을 채운 탄산가스의 농도는 지구의 2천5백 배나 된다. 금성의 반지름이 6,052km(지구의 0.95배)이고 질량은 $4.82×10^{24}kg$(지구의 0.82배)로 지구와 매우 비슷한 크기의 별이다. 금성은 행성 대부분과 달리 시계방향으로 자전한다. 이 자전이 지표 온도와 어떤 영향을 미치는지를 아직 알려진 것이 없다. 그렇다면 왜 원시 지구에는 탄산가스 농도가 30퍼센트나 되었음에도 지구는 현재의 화성처럼 되지 않았을까? 물이 해답을 가진 원인 물질이다. 과거 원시 지구에 존재하던 물은 불덩이처럼 뜨거웠던 지표면에 닿지 못했고 하늘에 떠 있었다. 수소결합으로 뭉쳐진 수증기는 긴 시간을 지각과 하늘을 오가는 대류를 통해 지구의 온도를 끌어내렸다. 그런데도 물이 지구를 떠나지 못했던 것은 지구 중력이 그들을 잡아두었기 때문이다. 현재도 지구는 수소나 헬륨과 같은 가벼운 원소는 지구 중력으로 잡아두지 못한다. 지구를 감싸고 있던 물이 지표면에서 하늘로, 또 하늘에서 지표로 흐르던 대류를 통해 원시 지구에 비를 뿌리기 시작했을 때, 처음에는 뜨거운 비가 그리고 점차 빗물도 식어 돌밖에 없던 지구환경이 생명체를 기다리는 쾌적한 환경으로 조성되었다. 그리고 10억 년의 긴 기다림은 지구에 생명을 불러왔다.

왜 화성(Mars)과 금성(Venus)을 여기서 논해야 하는가? 하는 질문에 답해야 한다면, 물과 탄산가스의 존재가 생명체의 현존(現存)에 얼마나 중요하게 작동하는지에 대한 경각심 같은 것이라고 대답하고 싶다.

3.5

나노 반응

매우 짧은 순간(나노 시간)에, 매우 작은 면적(나노 크기)에서, 태양 에너
지(나노 에너지)를 이용해 행해지는 나노 반응은 녹색식물의 잎(나노 공장)
에서 이루어진다.

탄산가스를 바이오매스로 인도하는 광합성은 위에서 말한 것처럼
연안 바다의 얕은 물가에서 시작되었다. 35억 년 전 연안 바닷가를 뒤
덮은 죽(porridge) 같은 유기물 사이에서 미세한 기체 방울들이 수면
위로 천천히 피어오르기 시작하였다. 이 기체는 산화력이 강한 발생기
산소(nascent oxygen)로 이제 막 생겨나 아직 분자화 하지 못한 활성산
소(active oxygen: oxygen radical, 원자 상태의 산소)였다. 미세한 가루 같
은 산소 방울은 물속을 우윳빛으로 물들였다. 이 햇빛에 반사되어 반
짝이던 가스의 징조는 바닷가에서 어떤 변화가 일어나고 있음을 알리

는 새벽닭의 울음소리 같은 것으로, 연안을 덮고 있던 유기물 사이에 숨어있던 뿌리와 줄기 그리고 잎의 구분이 없는 해조류(sea algae)를 통해서 시작되었다. 수면 위로 피어오르던 미세한 산소의 기포들은 그때까지 유기물 사이에는 없었던 물질대사(metabolism)의 결과물로 현재도 태양 에너지와 이 녹색 친구의 거래는 매 순간 처음처럼 행해지고 있다. 이 광화학 반응은 수억 년을 거쳐오는 동안 30퍼센트나 되던 탄산가스를 대부분 분해하고 소화해 대기권에는 이제 미세한 흔적만 남아있다. 탄소 고정이라는 이 과정은 지구를 지금처럼 푸른 별로 만든 나노 반응으로 현재도 진행되고 있다. 식물보다는 지극히 제한적이었지만, 탄산가스 일부는 지표면에 노출된 금속 이온에 의해 탄산염을 만들어 소모했다. 돌의 표면에서 있었던 이 변화를 유도하던 화학 반응은 탄산가스의 농도가 높았던 원시 지구에서는 비교적 빠르게 진행되었으나 현재는 탄산가스의 농도가 높은 화산 지역과 탄산가스를 배출하는 특수한 지역을 제외하고는 반응 속도가 너무 느려 관찰되지 않고 있다. 이 반응의 결과물은 바위의 표면에 탄산염의 흰 가루를 흔적으로 남겼고, 이 가루는 빗물에 씻기어 바다로 흘러 들어가 바다 밑의 구조가 되기도 하고 생명체에게는 필수 양분이 되기도 했다.

　원시 지구에서 식물의 성장 속도는 지금보다 훨씬 빠르고 건강했다. 왜냐하면 공기 중의 탄산가스의 농도가 지금보다 높았기 때문이다. 그리고 아직 산소의 농도가 미미했던 것도 크게 영향을 미쳤을 것이다. 원시 지구의 하늘에는 오존층이 없거나 지금보다 발달하지 못해 태양 에너지는 가감 없이 지구로 쏟아져 들어와 식물의 동화 작용은 지금보다 더 활발하게 진행되었고 그 결과 대기 중의 탄산가스는 빠른 속도로 감소하였다. 탄산가스와 물을 이용해 광합성을 하던 시아노박테리아(cyanobacteria)[54]라는 녹색식물은 지구를 지금처럼 녹색 행성으로 만든 첫 번째 생명체였다. 시아노박테리아가 살았던 10억 년 전의 지구는 광합성에 의해 발생한 산소를 소모해 줄 수 있는 아무런 기능(system)도 기구(mechanism)도 없었다. 그리하여 산소는 현존하는 탄산가스처럼 대기 중에 쌓여가고 있었다. 지구는 그것을 제거해 줄 새로운 기구가 필요했다 기다림은 오랫동안 계속되었고 자연은 오랜 기다림 끝에 호기성(好氣性) 생물[55]의 등장이라는 새로움을 접하게 된다. 이 새로운 생명이 어떤 경로를 거쳐 왔는지는 모르지만 여기도 창발성이라는 자연의 질서는 그대로 적용되고 있다. 그때의 상황을 그려 보면, 산소의 농도는 증가하였을 것이고, 산소의 폭발이 시차를 두고 여러 번, 그리고 여러 곳에서 일어나 지상의 모든 생명체는 큰 위험에 직면했을 것이다. 산소는 조건이 갖추어지면 스스로 폭발하고 발화하여 모든 미물을 불태울 수 있는 발화성 기체이기 때문이다.이런 극한 상황이 오기 전 호기성 동물의 탄생은 다시 한번 지구를 위험에서 건져준 위대한 사건이었다. 호기성 생물의 탄생으로 과잉으로 넘쳐나던 산소가 점차 줄어드는 새로운 동적평형이 나타났다. 대기권에 섞여 있던 산소가 연안 해안선에서 움직이던 호기성 생물과 시작한 이 말 없는 거래로 이 문제를 해결하였다면 너무나 피상적 추측일까? 움직이는 생명체의 호흡이 처음에 어떻게 시작되었는지는 알 수 없지만 여러 가지 가능성은 항상 인구에 회자하고 있다. 지구상에서 가장 오래된 호기성 동물은 해면(sea sponges)[56]이라는 주장이 얼마 전에 있었다. 그전에도 해면동물의 분자 화석이 바위 속 화석에서 발견되었지만, 호기성 동물 출현의 시기는 아직도 정확하지 않다.

원시 지구에 산소가 존재했고 호기성 생물이 살았다는 증거는 오스트레일리아 서부의 샤크(Shark) 만과 바하마 제도의 케이(Exuma Kays)의 해변에서 발견된 녹조류 화석인 스트로마톨라이트(stromatolite)[57]에 기록되어 있다. 우리나라 서해의 옹진의 소청도에서 발견된 선캄브리아기 지층에도 약 10억 년 전 활발했던 해면의 흔적이 남아있다. 스트로마톨라이트는 시아노박테리아가 포함된 석회석 층상 구조를 가진 화석 속의 생물로 생명체가 광합성을 하고 있었다는 증거로 제시된 생물이다.

물속에 녹아 있는 탄산가스와 탄산염의 작용은 바닷속의 갑각류에서부터 고등동물의 뼈와 골격의 구성에 이르기까지 참여하고 있다. 탄산가스가 생물학적 광물 생성 작용(biological metal accumulation, biomineralization)[58] 이라는 체제를 이용하여 생명체의 골격을 만드는 것은 잘 알려져 있다. 탄산가스는 조개의 껍데기와 달팽이의 집 그리고 고등 동물의 골격에 이르기까지 생명체들의 현존에 참여하는 위대한 존속으로 생명을 담아 나르는 우라노스(Uranus)[59]의 질그릇 같은 것이다.

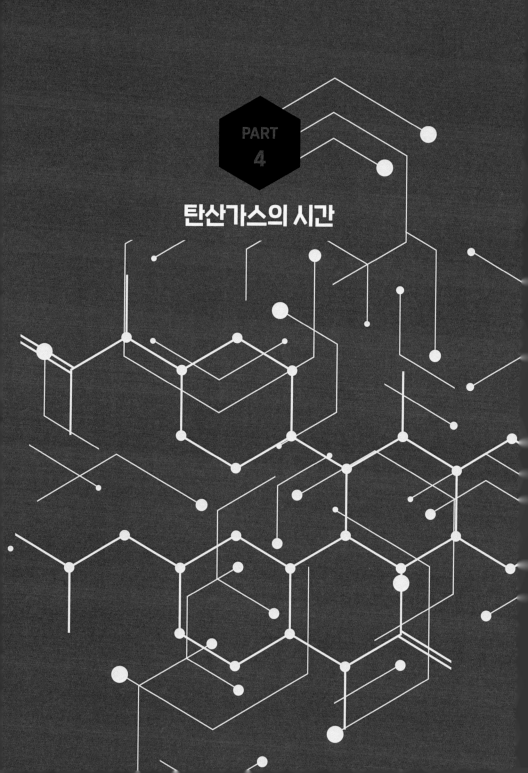

PART
4

탄산가스의 시간

4

탄산가스의 시간

탄산가스는 환경론자들의 적이 아니라 생명을 능동적으로 운영하며 윤회하는 기체다. 인류의 역사를 들여다보면 언제나 대기 중의 탄산가스는 생물권과 함께하였다.[60]

4.1

음의 엔트로피

생명은 음(陰, minus)의 엔트로피를 먹고 산다. 유기체가 그처럼 수수께끼 같아 보이는 까닭은 그것이 평형이라는 비활성 상태로 빠르게 변하는 현상에서 벗어나 있기 때문이다. 살아있는 유기체는 어떻게 그러한 현상에서 벗어나 있을까? 분명한 답은 먹고 마시고 숨 쉬고, 식물의 경우는 동화작용을 하고 있어서이다. 전문적 용어로 대사를 하기 때문이다.

- 슈뢰딩거, 1944.

물을 유별(unusual)나다고 하지만 물과 함께 탄산가스 역시 유별난 존속(尊屬)이다. 이들은 먼저 분자들이 가지고 있는 계통·적이며 체계적 성질에서 많이 벗어나 있다. 일반적인 분자들은 외삽법(外揷法, extrapolation)[61]에 따라 그 성질의 변화를 추적할 수가 있다. 예컨대 규소 원자의 화합물이 가지는 성질과 다음 주기의 게르마늄의 화합물이 가지는 성질을 외삽법으로 추적하면 기대치에 거의 접근한 결과를 얻을 수 있다. 그러나 물과 탄산가스는 분자들의 일반적 경향성에서 많이 벗어나 있어 이 물질의 전후 상황을 살펴 그 성질을 추적하는 외삽법의 적용은 거의 불가능하다. 이들은 모두 타버린 재로 세상에 왔기 때문이다. '타고 남겨진 재', 이것이 모든 생명체의 구성 성분이며 인류 문명의 발달사에도 자주 나타나는 보편적 소재들이다. 물과 탄산가스는 비록 낮은 에너지 상태로 존재하지만, 생명체의 탄생과 죽음이라는 범주에서는 분리해 생각할 수 없다. 물은 탄산가스와 결합하여 탄산이 되고 탄산은 다시 무기이온과 결합하여 탄산염을 만들어 생명체에 미네랄을 공급하는 중요한 역할을 하고 있다. 탄산가스는 지금 대기권에서는 미량 성분으로 존재하지만, 이 가스를 제외하고는 어떤 것도 식물에 탄소를 제공하지 못한다. 오로지 탄산가스만이 에너지 제공자로서 생명에 참여하고 있다. 따라서 탄산가스는 모든 생명체에게 우라노스의 영혼 같은 것이다. 생명체의 영혼을 담아 나르는 이 기체는 창공에서 식물로, 식물에서 다시 기체 탄산가스로 늘 옮겨 다니는 떠돌이들이다.

왜 이들의 윤회가 지구라는 커다란 반응조에서 끊임없이 일어나고 있을까? 이러한 동적 평형이 생명체와 하늘을 떠도는 기체 사이를 오가는 어떤 숨겨진 메시지가 있지 않을까? 라는 의구심을 가질 수도 있지만, 자연은 과학의 길에서 조금도 벗어날 수가 없다. 그들은 실수(real number)와 허수(imaginary number)로 구성된 수학이 정한 규칙을 따르기 때문이다. 이 복소수(complex number) 방정식은 이 허한 세상을 어렴풋이나마 들여다볼 수 있는 유일한 방법이다.

태양이 지구에 전해주는 에너지로 운영되는 탄산가스와 식물의 평형은 아무도 흉내 낼 수 없는 기적 같은 신생의 과정이다. 빛이 뿌려놓은 양자들의 작은 알갱이는 탄산가스를 생명체 안에 불러들이고, 풋것들이 운영하는 나노 공장에서는 그를 분해하여 에너지를 생산하고, 식물은 성장하고 살아가고 번식하고 생명을 그 안에 담는다. 그러다 다시 움직임이 멈추고 동적평형이 사라지면 생명을 담았던 그릇은 분해하여 탄산가스로 돌아가 버린다.식물이 운영하는 이 생명의 반응조는 이론적으로 양(+)의 엔트로피와 음(-)의 엔트로피가 동시에 작동하는 매혹적인 반응 기구이다. 음의 엔트로피는 파동 방정식을 완성한 천재 물리학자 슈뢰딩거에 의해서 제안된 이론으로 식물의 동화과정에서 탄산가스와 물이라는 무질서도가 높은 화합물에서 무질서도가 낮고 유용한 에너지인 글루코스가 합성되는 과정을 물리학의 관점에서 접근한 결과물이다. 동화작용이 진행되는 과정에서 '생명이 음(minus)의 엔트로피를 먹고 사는 것'처럼 보이는 이 생명 과정은 그것만을 놓고 보면 어쩌면 당연할 수도 있다. 그러나 생명 현상을 음(-)의 엔트로피, 즉 네가트로피(negatropy)라 정의한 그의 주장은 식물의 이파리 위에 일어나는 모든 나노 반응을 '엔트로피의 역행'이라는 커다란 모순으로 몰고 가 버렸다. 네가트로피는 명백한 엔트로피 법칙의 위반이다. 따라서 이 현상은 자유 에너지가 증가($\Delta G > 0$)에 의한, 자발적 현상이라 할 수 없다. 엔트로피가 감소($\Delta S < 0$)하기 때문이다. 타임머신을 타고 과거로 돌아가는 부조리가 시간의 위반이듯, 식물의 이파리 위에서 일어나는 광학 반

응은 자유 에너지 모순이다. 자연은 언제(time)나 어디서(where)나 자유 에너지(free energy)는 감소($\Delta G < 0$)하고 엔트로피의 증가($\Delta S > 0$)하는 에너지의 방향성을 따르기 때문이다. 기계적 엔트로피는 시간의 함수로 무질서도의 증가($\Delta S > 0$)는 당연하다. 그러나 위에서 언급한 나노 반응만을 떠내 그것만 본다면 엔트로피의 질서 위반이 맞다. 그러면 왜 이런 모순이 발생하는 것일까? 여기서 생명 현상에서 일어나고 있는 과정을 다시 분석해 볼 필요가 있다. 첫째로, 자연 현상은 닫힌계(closed system)가 아니다. 녹색식물의 이파리 위에서 일어나는 나노 반응은 우주를 향해 있는 열린계(open system)로 운영되는 기구이다. 탄산가스와 산소가 자유롭게 출입하고 있는 이 평형은 당연히 외부로 열려있다. 그러므로 외부와 열의 출입이 없이 닫힌계에서 운영되는 기계적 엔트로피와는 다르다. 에너지의 출입은 자유롭고 물질의 출입도 자유로운 나노 공장의 운영기구는 우주를 향해 열려있기 때문이다.

이것은 자연계의 운영 방식이다. 그리고 흐름은 역행하지 않았다. 자연계와 연결된 음의 엔트로피는 열린계가 운영하는 작은 부분으로 자연계의 운영 방식을 거역하지 않았다. 열린계에서 엔트로피의 방향을 따질 수는 없다는 것이 현재 이 문제를 들여다보는 과학자들의 중론이다. 슈뢰딩거의 주장은 지금까지도 논란의 대상이 되고 왔지만, 그의 주장은 수정되어야만 한다.

4.2

태양의 흔적

탄산가스는 타서 버려진 재(ashes)로 세상에 왔다. 바람의 요정이 하늘을 떠돌던 그를 데려다 녹색 잎에 내려놓으면 태양은 이 미립자를 생명 공장으로 불러들인다. 그리고 태양은 자신의 흔적을 탄소 위에 새겨놓았다.

탄산가스가 식물에 입성하여 광화학 반응으로 글루코스가 만들어지면, 태양은 자신의 흔적을 그 위에 새겨놓는다. 그 흔적을 가진 분자는 자신들만이 가지고 있는 특이성으로, 위에서도 언급했지만, L-형과 D-형이라는 회전성으로 자기를 두 모습을 내보인다. 이 둘은 물리적 성질은 같지만, 빛에 의해 구분되는 서로 다른 광학적 성질을 가지고 있다. 물리적 성질이 같다고 함은 끓는점, 어는점 같은 숫자적 지수와 구조적 형체가 포함된 측정할 수 있는 모든 물리적 파라미터가 같다는 의미이다. 그러나 태양의 에너지로 탄생한 L-회전형과 D-회전형의 글루코스는 서로 다른 특이성으로만 자기 모습을 내보인다. 정리하면, L/D 형식으로 구분되는 두 물질은 물리적 성질은 같지만, 광학적, 생물학적 특이성이 다름으로 구분된다. (3.1 참조)

한갓 하늘을 떠돌던 방랑자에서 생명을 품은 존재로 탈바꿈한 탄소 화합물은 태양의 인장을 받아 생명을 나르는 네레우스로 업그레이드되었다. 그렇다면 탄소 화합물들이 크기가 작은 단분자에서 길고 안정된 분자로 성장하여 생명을 담아내는 고분자의 형성을 화학적 가치로만 접근해야 하나? 그렇지 않다. 많은 분자가 모여 단분자들을 결합해 만든 길고 큰 생고분자는 화학적 방법으로 합성된 화합물들과는 근본적으로 다른 특성을 품은 개별자들이다. 당과 셀룰로스가 식물이 만든 대표적 화합물이며 같은 구조로 되어 있지만, 방향이 다른 조합이라는 특이성도 가지고 있다. 식물계에서 정보를 처리할 수 있는 화합물인 DNA도 생물학적 방법으로 만들어진 대표적 화합물이다. 그들은 화학적 구조로 설명할 수는 있지만, 정보를 처리할 수 있는 능력을 갖춘 특수한 구조와 배열로 연결하고 있다. 여기에서 배열이란 작은 분자들의 수천에서 수만 개까지 모여 만든 연결고리를 말한다. 그들의 연결고리는 화학적 방법이 아니라, 자신만이 할 수 있는 생물학적 방법을 따르고 있다. 그리고 생물들은 자신들의 생존에 필요한 모든 정보를 거기에 저장하고 있다. 생물학적 구조를 가진 DNA는 물리적 화학적 기능에 더하여 기억하는 능력을 갖춘 분자들이다. 생물의 성장과 변화에 해당하는 많은 기록을 이 분자는 작은 단위 분자들을 이용해 저장하고 있다. 이 분자를 구성하는 단위 분자들은 그들의 배열을 암호로 새겨 놓았다. 이것은 생물에 기적같이 부과된 생명체의 기능이지 기적은 아니다.이들은 열화학반응에 의해 합성(synthesis)된 것이 아니라 복제(cloning)라는 방법으로 만들어지고 성장한 것들이다. 복제란, 화학반응에서는 상상할 수 없는 현상으로 원형 분자가 있고 그것과 꼭 같은 모습의 또 하나의 새로움을 창조해 내는 생물학적 과정이다. 이 복제 과정이 화학적 합성과 다른 것은, 복제물이 원형 분자와 똑같을 수도 있지만, 작은 소품 분자의 순서가 바뀌는 실수가 발생하는 것도 허용된다는 사실이다. DNA라고 하는 긴 분자는 여러 단위의 작은 소품 분자들이 만드는 길고 복잡한 구조물이다. 이 분자들이 행하는 복제 과정이 전형적 생물학적 과정이라고 할 수 있다.

이 분자의 배열은 엔트로피의 증가를 수반하는 화학 과정으로 진행된다. 그 속엔 한 생명체의 생존에 필요한 모든 정보가 소품들의 배열(sequence)로 저장되어 있다. 이렇게 복제되고 새로워진 분자는 지구상에서 다른 아무도 흉내 낼 수 없는 혼자만의 정보를 가진 특별한 분자가 된다. 이 분자의 구성은 이중나선 구조로 핵산과 염기라는 특수한 결합으로 이루어져 있다. 여기에도 수소결합은 유별난 방법으로 두 사슬을 묶어 그들이 가진 특이성을 유지하도록 해준다.

이중나선을 가진 DNA의 소품들은 아데닌(A), 구아닌(G), 사이토신(C), 타이민(T)과 같은 염기로서 생화학 공정으로 식물이 만든 구조물들이다. 그들의 큰 분자 구성과 배열도 생화학적 방법으로 이루어진다. 여기에서도 물은 수소결합이라는 자신들의 무기를 이용하여 이 두 DNA의 구성 성분을 하나처럼 묶어 이중나선을 유지하는 가교 역할을 하고 있다. 이들의 복제과정에서 수소결합으로 묶여 있던 A-G-C-T은 원형이 그대로 복제될 수도 있지만, 한 부분의 그 순서가 바뀌어 서열의 변화가 일어날 수도 있다. 그러면 원래의 정보는 바뀌게 된다. 이들이 순서를 바꾸는 것이 진화를 위한 자신들의 의지일까? 아니면 단순한 실수일까? 알 수 없다. 그러나 그들은 태양이 인장을 찍어 만든 소품들로 구성된 개별자들이다.

4.3

거울로 구분되는 쌍둥이 형제

빛이 스스로 자신과 어둠을 들어내는 것과 같이 진리는 진리와 오류를 판단하는 기준이다.[62]

광합성에 의해 만들어진 글루코스의 L-형과 D-형은 물리적 화학적인 성질은 같지만, 만유인력의 세상에서는 생물학적 활성으로 나타난다. 태양이 자신이 만든 화합물에 오른쪽과 왼쪽으로 돌고 있는 인셉션의 팽이[63] 같은 인장을 찍어 두었기 때문이다. 이들이 합성되는 과정을 분석해보면, 하나의 탄소가 네 개의 서로 다른 기능기를 도입하는 과정에서 광학적 문제의 발생은 물리적인 것에서부터 시작된다. 예컨대, 탄소가 수소를 하나 불러들여 C-H 결합을 만들고 차례대로 A, B, D라는 서로 다른 기능기와 결합하여 C=HABD라는 4개의 단일 결합 (C-H, C-A, C-B, C-D)으로 구성된 분자를 설계도에 따라 만들면, 이 분자는 C-H 결합을 중심으로 A, B, D라는 기능기가 탄소에 결합한 유사 정사면체(pseudo-tetrahedral) 분자가 된다. 여기서 ABD를 한 평면에 두면 탄소는 사면체의 중앙에 와 있다. 여기서 C-H 결합을 중심으로 이 사면체를 회전시키면 오른쪽으로 회전하는 경우와 왼쪽으로 회전하는 경우가 빛에 의해 구분되는 두 종류의 광학적 혼합물(구조적으로는 구분되지 않지만)이 나타난다. 마치 손바닥이 서로 마주 보는 모습을 상상하면 정확하다. 이 두 형제 화합물은 거울 앞에 서면 같아 보이는 형제 화합물이라는 것이 드러난다. 광학적(빛)으로만 구분된다는 뜻이다. 여기에 더하여 이 둘은 미세하지만, 에너지가 구분되어 있다. 이렇게 거울 앞에 설 때만 확인되는 쌍둥이 화합물을 라세미 혼합물(racemic mixture)이라고 한다. (3.1 참조)

빛에 의해서 합성된 글루코스도 L-형과 D-형이라는 두 가지의 고리 형태를 가진 화합물이다. D-글루코스가 연결하여 만든 셀룰로스는 선형 고분자로 단위체가 번갈아 가며 뒤집힌 모습으로 연결되어 있다. 그와는 반대로 반복하여 뒤집힌 모습을 보이지 않고 가지런하게 연결된 것이 녹말이다. 그러므로 셀룰로스도 녹말과 같은 다당류의 일종으로 천연 상태에서 분자량이 수만에서 수십만에 이른다. 셀룰로스를 당으로 바꾸는 과정은 초식동물이 순한 연두색 초원에서 행하는 잊힌 기적 같은 자연이다. 빛에너지로 탄산가스가 분해되어 당이 형성되는 과정은 아래에 있는 반응식과 같다. 그러나 이들이 만드는 화학은 전혀 다른 길을 가고 있다. 하나는 셀룰로스(단위체가 번갈아 가며 뒤집힌 모습)가 되고 또 하나는 녹말(단위체가 뒤집힘이 없이 가지런한 구조)이 된다. 그리고 반응식에서 보는 바와 같이 여섯 분자의 탄산가스는 열두 분자의 물을 만나 한 분자의 당을 만들고 여섯 분자의 산소를 생성해낸다. 식물이 운영하는 나노 공장은 태양 에너지가 쏟아지는 낮 동안에만 일어나고 있다.

$$6CO_2 + 12H_2O = C_6H_{12}O_6 + 6O_2 + 6H_2O$$

셀룰로스는 세상에서 가장 흔한 거대 분자로 글루코스에서 성장하여 식물의 골격이 된 물질이다. 여기서 성장이란 여러 분자가 연결되어 성장하는 고분자 형성을 말한다. 셀룰로스의 거대한 골격은 생명이 그곳에 머물고 성장하고 번식하는 동안 그들을 품어주는 그릇과 같은 물질이다. 그러나 생명이 그곳을 떠나면 그들은 다시 탄산가스와 물로 분해되어 고향으로 돌아가 버린다. 그들의 고향은 퍼덕이며 날아야 할 하늘이다.

탄산가스는 생명이 떠난 죽은 생명체에는 머물지 않는다. 그는 생명을 떠난 영혼과 함께 떠돌다 바람이 다시 나뭇잎 위에 데려다주면 생명체로 입성하여 생명의 질료가 된다. 태양으로부터 온 에너지는 탄산가스에 생명을 부여하는 유일한 방법을 가지고 있다. 그리고 생명이 떠난 마지막 날에는 물과 함께 다시 탄산가스로 돌아가는 선한 것들이다. 이 윤회는 모든 생명체에서 지금도 일어나고 있다. 따라서 탄산가스에는 시간의 의미는 없다. 어제 하늘을 자유롭게 날던 기체가 오늘은 생명체 속의 글루코스가 되고 다시 분해되면 하늘을 돌아다니는 윤회하는 방랑자, 그것이 생명의 원소 탄산가스의 역할이다. 이 현상을 열역학의 창시자 볼츠만(Ludwig Boltzmann)은 다음과 같이 말하고 있다.

"이 윤회의 사이클은 뜨거운 태양에서 차가운 지구로 전달되면서 이용할 수 있게 되는 엔트로피에 대한 투쟁과 같다."

PART
5

환경과 평형

5

환경과 평형

　생명은 본디 그런 것이다. 하늘이 탄산가스를 고상한 정기를 담아 풀잎에 내려주면, 그는 빛의 정기를 담아 잎이 되고 줄기가 되고 꽃이 되고 열매가 되어 어머니의 궁전으로 진군하는 병정이 된다. 그들이 한 줄로 가지런히 사열하면 그 안은 생명이 살아가는 공간이 되고 세상의 흐름과는 맞섬이 된다. 내리막길에 들어서면 그들은 다시 바람의 꽃이 되어 공간을 떠도는 하늘의 요정이 된다.

5.1

하늘의 요정

탄산가스는 대기 중으로 버려지는 쓰레기에 불과하지만, 생명을 날라다 주는 생물권의 주인이기도 하다.

환경 문제에서 논의되는 핵심 주제는 언제나 탄산가스다. 탄산가스는 대기의 전체 구성에서 무시할 수 있을 정도의 작은 양이지만 온난화에 미치는 영향을 고려하면 이 그 농도의 증감은 환경론자들에게 논쟁의 대상이 되는 것은 당연하다. 기상학을 다루는 학자들의 대부분이 탄산가스를 편향된 시각으로만 바라본다면 이 또한 문제다.

지금까지 잠잠하게 유지되어 오던 바이오매스와 탄산가스의 평형이 탄소가 증가하는 쪽으로 기울어지고 있음은 이미 알려진 사실이다. 대기권의 성분 분포가 미세하게나마 변화를 보이는 것은 지구에 사는 모든 생명체에게는 위험을 알리는 경고와 같다. 그러므로 환경의 변화가 동적 평형(dynamic equilibrium)에 머문다면, 그 안에 사는 생물에게 는 축복이나 다름없다. 작년에 피었던 장미를 올해도 같은 날 볼 수 있기 때문이다. 그러나 이 평형이 깨어지면 언제 그 장미를 다시 볼 수 있을지 모르게 된다. 우리의 소망은 오늘 피어있는 장미를 내년에도 일 년 전 오늘에 보게 해 달라는 소박함에 있다. 이 동적 평형은 지구를 지배하는 온도 함수에 의해 운영되고 있다.

현재 대기의 온도에 영향을 주는 많은 인자 중의 하나가 탄산가스임에는 틀림이 없다. 그러나 대기를 구성하는 성분들은 여럿이다. 그들 사이에 평형이 깨어지면 서로 정교하게 연결되어 있던 여러 파라미터의 연결고리도 함께 깨어지기 마련이다. 이것은 그 하나의 교란이 그것으로 끝나지 않고 이곳저곳에 영향을 주어 지구의 환경이 점차 우리가 예상하지 못했던 방향으로 흘러갈 수 있음을 의미하고 있다. 지금도 국지적으로 발생하는 대홍수와 가뭄 그리고 건조한 지역의 산불이 예상하지 못했던 곳에서 나타나고 있다. 이것은 지금보다 더 큰 재앙의 전조임에 틀림이 없다. 세상은 또 이것을 "탄산가스 때문이다"라 외치고 있다. 현재 세계적으로 탄산가스를 측정하고 관리하는 기구들은 매우 정교하게 서로 연동하여 관리되고 있다. 그러나 이것은 관리만의 문제가 아니다. 인구에게는 현존의 문제다.

국지적으로 나타나는 재앙을 꼭 탄산가스가 주범이라고 몰아가는 것은 탄산가스의 측면에서 보면 좀 억울하다. 기후의 변화에 영향을 주는 인자는 이것 말고도 여럿이 있기 때문이다. 대기 중에 떠도는 메탄, 불소, 염소화합물과 같은 할로겐화합물 그리고 질소산화물과 탄화

수소들도 대기권의 여기저기서 문제를 일으키고 있다. 구름으로 하늘에 떠 있는 물은 태곳적부터 있었기 때문에 논의 대상에서는 제외된다고 하더라도 탄산가스는 가장 선명한 화학적 설명이 가능한 물질이다. 이 이유 하나만으로도 대기 중의 탄소는 기후 변화의 주범으로 몰릴 알리바이를 충분히 확보한 셈이다. (5.2 참조)

하늘을 날아다니는 탄산가스가 왜 이렇게 궁지로 내몰렸을까? '모두가 탄산가스 때문'이라고 외치는 사람들의 견해를 들어보고 싶다. 탄산가스가 인류에게 해악을 주는 마귀 같은 화합물이라면 그들이 만들어 저녁상에 올려준 쌀 한 톨도 먹지 말아야 한다. 탄산가스는 마귀가 아니다. 싸워야 할 대상도 아니다. 탄산가스는 생명을 날라다 주는 하늘의 요정 같은 화합물이다. 하늘에서 내려주는 만나(manna)[64]와 같은 물질이다.

5.2

에너지 가림막

탄산가스는 추운 밤을 덮어 주는 이불의 역할도 하고 있다. 탄산가스
는 수런거린다. "내가 그 일을 하지 않았더라면 이 땅은 사시사철 얼음
으로 덮여 있는 얼음 왕국이 되었을 거야!"

탄산가스가 사람에게 매우 부정적으로 인식되고는 있지만, 지구를
덮어 주는 이불의 역할도 하고 있다는 포괄성을 아는 사람은 그리 흔
치 않다. 아마도 이 가스가 존재하지 않았더라면 지구의 생명체도 존
재할 수 없었을 것이다. 다른 이유를 다 제쳐놓더라도 탄산가스가 없
었다면, 지구의 평균 온도가 마이너스 18도까지 내려가, 현재 지구의
평균온도인 섭씨 15도에 턱없이 모자랐을 것이라는 보고서를 인용하
면 그러하다.[65] 금성과 탄산가스의 관계를 비교해보더라도, 지구의 기
온과 탄산가스는 밀접한 관계성이 유지되고 있는 기체임이 확실하다.

(3.4 참조) 탄산가스가 없었다는 전제로 지구의 온도를 예측하면, 지구는 사시사철 얼음으로 덮여 있는 차가운 얼음 왕국이 되었을 것이다. 그러므로 탄산가스는 차가운 겨울밤의 극심한 추위를 막아주는 이불 같은 기체로 생각하면 된다. 그런데도, 이해하기 쉬운 알리바이를 확보한 공격자들은 탄산가스를 공격하고 있다. 나는 탄산가스를 하늘의 요정이라 말했다. 그는 오늘도 우리를 먹여 주고 입혀 주고 정원에 장미를 피울 수 있는 희망을 주는 기체이기 때문이다. 오늘도 제다이의 오토바이를 타고 하늘을 나는 탄산가스는 우리에게 생명을 가져오는 요정 같은 기체라는 것은 인정해야 한다. 그렇다면 대기권에 존재하는 무시할 정도로 작은 농도의 탄산가스가 어떻게 대기의 온도를 조정한다는 것일까? 이 상황을 이해하려면 분자들이 자연에서 어떻게 행동하고 이들이 자연과의 어떤 관계를 맺고 있는지에 대한 간단한 화학적 이해가 필요하다. 분자들의 행동을 살펴보자. 예컨대, 두 개의 원자로 이루어진 수소 분자(H_2)나 일산화탄소($C \equiv O$)와 같은 분자는 고정된 결합 길이가 없다. 두 원자로 구성된 진동 주기에 따라 짧아졌다 길어졌다 하는 운동을 계속하고 있기 때문이다. 이 진동은 분자가 살아 있는 한 영원히 그 처음의 크기와 힘으로 계속된다. 그렇다면 교과서에서 소개하고 있는 결합 길이란 무엇인가? 그것은 두 원자 간의 진동의 평균 거리에 불과하다. 분자 내에서 원자 간에는 정지된 순간은 아예 없다. 그리고 분자가 가진 에너지는 진동이라는 태어날 때부터 부여된 정지할 수 없는 에너지로 저장되어 있다. 처음 상태가 바로 마지막의 상태라는 분자 세계의 질서를 우리는 알고 있다.

탄산가스처럼 세 개의 원자가 만나서 하나의 분자를 만들면 그 진동 방식은 이원자분자보다 훨씬 더 복잡해진다. 그들은 구조적으로 많은 대칭성을 가지고 있기 때문이다. 3개의 원자가 만드는 분자는 탄산가스처럼 직선 구조를 가지는 것과 물처럼 굽은 이차원의 구조를 가진 분자로 나눌 수 있다. 탄산가스는 3개의 원자가 만나 막대와 같은 선상 구조를 하고 있다. 이런 구조를 가진 화합물은 양자역학이 제공하는 4가지의 진동 방식으로 나뉘어 자신들의 에너지를 저장하고 있다. 그런데 태양에서 출발하여 8분 20초(태양과 지구의 거리 1억5천만 킬로미터) 후에 지구에 도착한 태양 에너지는 오존층을 통과한 가시광선과 적은 양의 UV와 같은 빛에너지로 이루어진 광자의 다발이다.

이들이 지각에 충돌하면 모든 빛에너지는 그보다 훨씬 파장이 긴 적외선(infrared radiation)으로 변하여 지표를 다시 떠나게 된다. 태양 빛은 자신의 속도(3.0×10^8m/s)로 지구에 왔지만, 빛에너지가 적외선의 열에너지로 바뀌면 서서히 지구를 떠나게 된다. 이때 우리의 녹색 친구는 광합성이라고 하는 기구(mechanism)를 통해 1퍼센트도 안 되는 소량의 태양 에너지를 지구에 잡아둔다. 이 떠나지 못한 에너지를 제외하면 지구로 진입한 모든 빛에너지는 지구에 쌓이지 않고 다시 우주를 향해 떠나버린다. 만일 태양 에너지가 우주로 되돌아가지 않았다면 지구는 벌써 불덩이가 되었을 것이다. 지금까지는 지구에 들어온 태양 에너지와 지구를 떠나는 열에너지의 동적평형은 이렇게 유지되어 왔다. 그러나 그 과정에서는 대기 중의 여러 기체는 이들의 떠남을 막아서고 있다. 그중에서도 탄산가스가 떠나는 손님(적외선)을 진동이라는 춤사위로 가로막는 것이 보기에 색다르다. 지구를 떠나는 열에너지는 탄산가스의 4가지 적외선(infra red)의 특정 파장($2349cm^{-1}$과 $667cm^{-1}$, xz면과 yz면에서 있는 두 개씩의 진동)을 만나게 되면 이 중 두 진동은 흡수하고 나머지 둘은 반사해 버린다. 반사하는 파장은 탄소를 중심으로 대칭으로 진동(symmetric stretching, $2,349cm^{-1}$)하는 높은 에너지를 가진 것들이다. 낮은 에너지의 비대칭 진동(unsymmetric stretching, $667cm^{-1}$)을 하는 탄산가스는 적외선을 흡수하고 가공하여 우주로 다시 보내지만, 높은 에너지의 대칭 진동으로 인해 반사된 열선은 우주를 향하지 못하고 지구로 되돌아오게 된다.

이 현상은 지상에서 일어나는 모든 적외선과 탄산가스에 적용되는 빛이 행하는 법칙으로 0.038퍼센트의 탄산가스가 하늘에서 행하는 유일한 광화학 반응이다. 이른바 아인슈타인의 하늘이 행한 광화학 반응으로 우주의 선물이다. 그리고 이 열선이 행하는 화학적 설명은 완벽하다. 우주를 떠돌던 시절의 추위에 대한 추억이었을까? 이 돌아온 열선은 다시 지구를 따뜻하게 데우는 일에 열을 올리고 있다. 이것이 화학이 말하는 탄산가스의 농도를 줄여야 하는 이론적 근거이다.그런 이유에서라면, 적어도 논리적으로는 탄산가스의 배출량을 줄이는 것이 이 시대를 살아가는 우리에게는 당연한 소명이다. 그렇지만 탄산가스가 지구에서 발생하는 열에너지를 우주로 빠져나가지 못하도록 막아주는 단열재의 역할만 하지는 않는다. 지구에서 우주를 향해 빠져나가는 열에너지를 그가 잡아두는 에너지 이불의 역할도 하고 있음을 앞에서 언급하였다. '단열재와 에너지 이불'은 탄산가스를 보는 관점이 다를 뿐 같은 작용이다. 여기서 탄산가스처럼 제 역할에 충실한 화합물도 없다는 것을 알아야 한다. 그리고 그 설명도 완벽하다. 그들은 지구의 온도를 상승시키는 부정적인 면도 있지만 어쩌면 지구가 소멸의 길로 가지 않도록 막아주는 긍정적인 면도 있다는 포괄성을 인정해 주길 바라고 있다.

지구에서 빠져나가는 적외선 영역의 복사선을 막아 세우는 가장 큰 방호벽은 물이다. 물은 화학적 차단뿐 아니라 물리적으로 지구 주위를 둘러싸 지구를 떠나는 열에너지를 가장 강하게 그리고 효과적으로 막아주고 있다. 구름에 머무는 물의 양은 무려 39만km3이나 된다. 소양호(약 29억 톤)가 가두고 있는 만수위 물의 약 1만 3천 배 정도의 물이 하늘에 떠 있다. 구름이 많은 여름날이 후텁지근한 이유도 하늘에 떠 있는 물(구름)이 지구를 떠나는 적외선을 막아 다시 지구로 돌려보내기 때문이다. 이와는 반대로 사막의 밤이 차가운 것은 열을 막아줄 구름(물)이 그 하늘에는 없기 때문이다. 우주를 향해 열린 사막의 하늘에도 열선은 흐르고 있다. 물론 그 하늘에도 탄산가스는 있다. 그러나 그것만으로는 한낮에 사막의 모래를 달구었던 열을 온실처럼 가두지 못한다는 것은 차디찬 사막의 밤하늘이 증명해 주고 있다.

결론은 탄산가스는 지구의 온난화에 아주 적은 부분 참여하고 있다. 그렇다고 지구 온난화에 하늘에 떠 있는 물이 기여하고 있다고 하는 사람은 아무도 없다. 그것은 구름이 가지고 있는 물의 양이 매년 거의 일정하고 태곳적부터 있었기 때문이다. 그 외에 메탄(CH_4)과 탄화

수소[$CH_3(CH_2)_nCH_3$]와 할로겐 화합물들(HX, X_2; X=F, Cl, Br, I)도 하늘에 떠 있는 다른 화합물들과 함께 온난화의 주범이다. 그러기에 그들의 발생도 막아야 한다.

5.3

탄소의 부활

철강 1톤을 생산하는데 1.35톤의 탄산가스가 발생하고 종이 1톤을 생산하려면 1톤의 탄산가스가 발생한다. 유리 1톤은 0.8톤의 탄산가스의 대가를 지급해야만 얻을 수 있다. 여기에 사용된 화석 연료는 지금까지는 없었던 것들이다. 그들은 대기 중의 탄소를 증가시키는 원인임에 틀림이 없지만, 바꿀 수 없는 현실이 슬픈 것이다.

탄산가스의 발생과 소모가 평형을 이루려면 다시 돌아갈 수 없는 화석 연료의 소모를 줄여야 한다. 아니면 다시 돌아갈 수 없는 탄산가스를 제거할 다른 방법을 찾아야 한다. 그렇지만 현재로서는 둘 다 불가능하다. 탄산가스의 발생을 줄이는 일은 에너지 생산의 단가가 높아질 수밖에 없어 생산자와 소비자에게 민감하게 적용되는 문제로 여기서 논할 수는 없다. 두 번째 방법은 지구에 나무를 심어 광합성을 이용해 탄산가스를 셀룰로스로 전환하는 것인데 이것 또한 어렵다. 어떤 보고서는 현재 대기 중으로 버려지는 탄산가스를 모두 없애려면 극지방과 사막을 제외한 나무가 자라는 지구 면적의 세 배가 되는 땅에 나무를 심어야 한다는 주장이다. 가능하지 않다. 탄산가스가 문제의 중심에 오게 된 것은 결국 우리가 나누어 가진 에너지의 작은 몫에서부터 시작되었다. 그것을 수정하지 않고 탄산가스의 문제를 해결하겠다는 것은 기우에 불과하다. 4억 1천만 년~1억 5천만 년 전 광합성에 의해 식물군으로 이동되어 땅속에 묻혔던 대기 중의 탄소는 시간 속으로 사라져버렸던 것들이다. 그들이 지하에 묻힌 다음 엔트로피는 정해진 방향을 향해 떠나버렸고 시간도 과거의 유산을 뒤에 남겨둔 채 흘러가 버렸다. 이 단절의 과거는 바로 무덤 속에 갇혀 있던 우리에게는 부재(不在)한 것들이다. 그 단절을 풀이하는 함수는 그들을 제로(0)에 수렴시켜버렸다. '시간이 무한에 가까워지면 모든 것은 제로에 다시 수렴한다'라는 수학적 해석이 이들의 물리적 위치에도 적용되었다.

그러나 잊힌 과거의 유산들은 무덤에 머물렀던 미망(未忘)의 시간을 스스로 농축하고 가공하여 고순도의 에너지를 가진 현존으로 변화시켰다. 그들이 긴 단절의 시간을 건너와 보기 좋게 부활할 수 있었던 것은, 바로 고순도의 에너지를 품은 탄소 화합물 때문이었다. 세상은 그들을 검은 황금(black money)[66]이라 부르며 세계 경제의 중앙으로 불러들였다. 화려하게 부활한 것이다. 풋내나던 핫바지 청년이 연미복 입고 향수를 풍기는 구레나룻 신사가 되어 무덤에서 돌아온 것이다. 그러나 이 자연적이며 화려한 부활은 지금 탄소가 처한 가장 부정적 표현의 정점에 와 있다. 아이러니하게도 톨스토이의 부활이 인위적이었다면 탄소는 자연적 부활로 부정적 요소를 내포하고 있다. 그런데도, 환경론자들에게 이 신사는 매서운 표적이 되고 있다. 자연은 속수무책으로 퍼 나르는 인간의 지혜를 허락하지 않기 때문이다.

화려하게 부활한 이들의 용도는 저비용 고효율의 매력적인 에너지로 거침없이 사용되고 있다. 그리고 앞으로도 그럴 것이다. 끊어진 과거에서 돌아와 윤회의 길로 다시 들어서는 구레나룻 신사의 화려한 등장을 지켜보는 현대인의 마음은 복잡하다. 에너지를 빼앗아 쓰고 버려지는 가스는 지금까지 평형으로 유지되던 대기권에 더해져 수천 년을 평온하게 유지되던 순환 과정을 교란하고 있다. 달콤한 사탕처럼 산업으로 빨려 들어간 화석에너지는 그 진가를 여지없이 발휘하고 있다. 그러나 그 길은 윤회의 길이 아니라 돌아갈 수 없는 외길이라 슬픈 것이다.

현재 공기 중의 탄산가스의 농도는 공식적인 보고서에서는 약 380피피엠(ppm)이라고 말하고 있다. 그리고 최근에는 매년 조금씩 증가하고 있다는 것이 정설이다. 비공식 통계에는 현재 대기 중의 탄산가스가 기하급수적으로 증가하여 10년 뒤에는 450피피엠(ppm)에 도달할 수도 있다고 한다. 오랜 단절의 과거에서 부활하여 우리에게 다가온 탄소는 현대 사회의 깊은 곳까지 침투하여 이제는 문명사회를 유지하는 필수 조건이 되어버렸다. 무덤에서 부활한 탄소는 질량감 있게 생필품들의 생산과 분배에서 분리할 수 없는 수단으로 자리 잡았다. 그런데도 이 에너지의 산화 과정을 제어하고 통제할 산뜻한 방법이 없는 것이 현대인이 처한 현실이다.

인간의 삶에 가장 큰 고통을 가져주는 재앙 중의 하나는 겨울이 더 추워지고 여름이 더 더워지는 이상 기후의 출현이다. 이런 현상이 오면 많은 사람이 더위와 추위를 견디지 못하고 쓰러지고 더러는 유명(幽明)을 달리할 수도 있다. 2003년 8월 불볕더위가 유럽을 덮치고 지나갔을 때 많은 사람이 뜨거운 열기를 참지 못하고 세상을 떠났다. 2010년 겨울 몽골에서 혹한으로 인해 가축 820만 마리가 동사한 사건도 있었다. 이 재앙은 아무에게나 똑같이 온다. 이 응징은 파라오에게 내렸던 하느님의 재앙처럼 평등하다.[67] 창조주께서는 경고하고 응징한다는 것은 모두가 아는 사실이다. 누구도 피해 갈 수 없다. 이런 위기의 상황에서 원시림이 경제적 이유로 파괴되고 무분별한 벌목으로 숲을 없애는 일은 인간에 대한 위험한 도박이라고 할 수밖에 없다.

5.4

탄소 비료

탄소는 식물이 필요로 하는 기본 영양소로 탄산가스만이 이를 제공할 수 있다. '탄산가스의 비료화' 사업은 환경론자들에게 불청객처럼 여겨지던 산업 폐기물을 영농 사업의 귀한 소재로 이용하는 새로운 표지(標識)가 되고 있다.

자연은 측정할 수도 없는 짧은 순간에 탄산가스라는 하늘의 떠돌이 화합물을 식물의 혈관으로 불러들여 생명의 현존과 함께하는 탄탄한 물리적 위치에 올려놓았다. 생물의 생명 과정에는 탄산가스와 물이 태양 에너지의 도움으로 수행하는 탄소고정이 기본적 수단으로 깔려 있다. 지금 우리가 내려다보고 있는 정원의 작은 꽃에서부터 아마존의 원시림과 눈으로 덮인 시베리아의 자작나무 숲에 이르기까지 탄산가스 없이는 생명이 명멸하는 기적은 없다. 알곡식과 과일 그리고 채소까지도 모두 공중을 떠돌던 방랑객, 탄산가스가 있어 가능한 생산품들이다. 이 방랑객 없이는 한 알의 곡식도 한 치의 풀잎도 한 마리의 물고기도 자연은 생산할 수가 없다. 탄산가스는 먼저 태양이 뿌려주는 빛에너지를 이용해 식물을 키워 동물이 살아가는 틀을 제공하고 그들의 소명이 끝나면 다시 원래의 모습으로 돌아가는 윤회하는 것들이다. 만약 100kg의 나무가 있다면 그중 물의 무게를 제외하면 나무를 구성하는 물질은 고형물의 평균값은 약 44kg 정도라 한다. 그중에서 탄소는 절반인 22kg 정도이다. 이 탄소는 모두 대기 중에 떠도는 탄산가스가 광합성을 통해 식물에 입성한 것들이다. 알곡식은 약 40퍼센트 정도의 탄소로 구성되어 있다. 이것이 우리가 일용하는 양식이다. 그런 의미에서 환경 분야의 배타적 보고서처럼 탄산가스를 싸워 무찔러야 할 적쯤으로 생각한다면 문제라 할 수 있다. 탄산가스는 분명 식물에는 없어서는 안 될 중요한 영양분이고 그들의 참여 없이는 자연은 지금처럼 아름다울 수가 없기 때문이다.

농업에서 생산성을 높이기 위해 사용하는 것이 비료다. 지금까지 개발된 많은 비료 성분은 식물이 절대적으로 필요로 하는 질소 성분이 포함된 화학물질이 대부분이다. 그러나 네덜란드의 농민들은 그들이 재배하는 화초에 탄산가스를 비료처럼 사용해 왔다. 탄산가스의 효율성을 경험으로 터득했던 농민들은 옛날에는 소규모의 전통적 방식으로 생산량 증가에 탄산가스를 이용했다. 그러나 현재는 대량 생산 시설을 설치하여 농업 생산량을 40퍼센트까지 증가시키고 있다. 이쯤 되면 최소한 네덜란드의 농민들은 탄산가스를 부정적 의미로만 바라보지는 않을 것이다. 그들은 탄산가스가 생명을 담아 나르는 대지의 여신 우라노스(Uranos)[68]라 할지도 모른다.

일반적으로 비료는 식물이 필요한 성분을 식물이 스스로 흡수할 수 있게 만들어 주는 것이 목적이다. 예를 들어보자. 질소 성분은 식물이 필요로 하는 필수영양소 중에 첫 번째 원소이다. 그러나 대기 중에 80 퍼센트나 되는 질소 기체는 식물이 흡수할 수가 없다. 왜 그럴까? 물에 녹지 않기 때문이다. 아무리 많이 있다고 해도 물에 녹지 않으면 식물에는 그림의 떡이다. 대기 중의 질소는 물에 녹지 않는다. 식물은 탄산가스를 제외하면 물에 녹을 수 있는 성분만 흡수할 수가 있기 때문이다. 질소(N)와 인(P) 성분 그리고 칼륨(K)을 포함하는 많은 미네랄 성분들이 모두 물에 녹지 않으면 식물의 영양소가 될 수 없다. 프리츠 하버(Fritz Haber, 1868~1934)[69]는 이러한 질소의 비료화를 고민하던 중 비수용성 질소(N_2)를 수용성 질소 성분(NH_4^+)으로 만들었다. 이것이 바로 질소비료다. 경작지에 질소 성분을 보충해주기 위해 인위적으로 만든 화학비료는 공기 중의 질소를 수소와 반응시켜 얻어진 암모니아를 염화암모늄(NH_4Cl) 혹은 종류가 다른 암모늄의 염((NH_4X)으로 고정해 수용성 화합물로 만들었다. 이 화합물은 두 분자의 질소와 세 분자의 수소 분자를 300기압이라는 높은 압력과 300도가 넘는 고온에서 반응시켜 두 분자의 암모니아를 원료 물질들(수소와 질소)과 평형 상태에 오게 한 뒤 이것을 다시 염산과 반응시켜 기체 암모니아를 고체 염(NH_4Cl)으로 만들었다. 이 착화합물은 물에 용해되어 비료로 사용되고 있다. 이 질소 고정 반응식은 $2N_2 + 3H_2 \rightleftarrows 2NH_3$이다. 이 반응식은 간단하지만, 고온과 고압이라는 화학적 조건이 필요한 반응이다. 그리고 암모니아와 염산이 반응하여 암모늄의 염이 되는 반응식은 $NH_3 + HCl \rightarrow NH_4Cl$이다. 이 단순한 염은 물에 녹아 식물의 질소 요구를 충족시켜 주었다. 반응식은 $NH_4Cl + nH_2O \rightarrow (NH_4^+)_{aq} + (Cl^-)_{aq}$이다. 이 수용성 질소비료의 생산으로 1900년대의 유럽은 황무지로 버려진 많은 땅이 다시 농작물을 생산할 수 있는 경작지로 바뀌었다. 그 결과 극심한 빈곤에 시달리던 유럽 대륙의 곡물 생산량은 비료가 없던 시절보다 10배 이상 향상되었다. 이로써 하버의 질소비료는 인류의 공영(共榮)에 크게 이바지한 화합물이 되었다. 유럽 대륙이 기아의 덫에서 빠져나와 새로운 문화를 꽃피울 수 있었던 것도 농업생산량의 증가와 무관하지 않다. 스웨덴의 왕립과학원은 수소와 대기 중의 질소를 직접 결합해 암모니아를 만드는 문제를 해결한 공로를 인정해 1918년 하버에게 노벨 화학상을 수여하였다. 지금도 질소비료는 1913년 "전기화학회지"에 발표된 하버 교수의 논문 '원소로부터 암모니아의 기술적 생산에 관하여(For the synthesis of ammonia from its elements)'에 기초하여 생산되고 있다. 현재까지도 이 방법에 따라 매년 약 4억 5천만 톤이 전 세계적으로 생산되어 곡물 생산에 크게 이바지하고 있다. 그러나 그는 일차대전 중에 개발한 독가스가 전쟁 물자로 공급되면서 10만 명이 넘는 병사를 살상시키는 우를 범하고 말았다. 독가스 개발은 그의 화려한 업적을 넘어선 어두운 부분으로 과학과 인류 사이의 경계를 들여다볼 수 있는 한 슬픈 단면이라 할 수 있다. 그런데도 노벨상 위원회는 인류를 기아에서 건져낸 공로를 인정하여 그에게 노벨상을 수여하였다. 그러나 그는 조국에서 영국으로 쫓겨났고 다시 스위스로 돌아가 어느 호텔 방에서 심장마비로 쓸쓸한 마지막을 맞은 비운의 화학자로 우리에게 기억되고 있다.

탄소는 식물이 골격을 만드는 필수 원소이다. 이 탄소를 공급하는 물질은 대기 중을 떠도는 0.038퍼센트의 탄산가스가 유일하다. 대기 중에 미량 성분으로 존재하는 이 적은 양의 기체가 식물에 흡수되어 식물의 골격을 만드는 글루코스($C_6H_{12}O_6$)를 생산하고 그것들이 모여 셀룰로스와 당을 생산하고 다른 원소들과 결합하여 필요한 영양소를 만드는 물질임은 여러 번 언급해왔다. 탄산가스는 공기 중에서는 미량 성분이지만 식물이 어떻게 그들을 유인하여 흡수하는가 하는 세부적 과정이 알려지진 않았다. 하지만 탄산가스는 태양 에너지의 도움으로 기체 상태에서 식물로 흡수되는 유일한 기체이다. 이 과정은 하버 과장처럼 고압과 고온으로 진행되는 열화학 과정이 아니라 빛과 엽록소만 있으면 뜰에서도 이루어지는 평범한 광화학 과정이다.네덜란드의 농부들은 그 필요량을 계산하기 시작하였다. 그 양과 광합성의 활성도를 외삽법(外揷法)으로 비교해보면 탄산가스의 농도가 증가하면 광합성의 활성도도 증가하고 그 농도가 적어지면 활동도도 떨어진다는 것을 그들은 발견하였다. 그들은 탄산가스를 태양이 빛나는 날, 비닐하우스로 외부와 차단된 농장에 공급하였다. 그 결과는 긍정적이다. 거의 모든 품목의 농업 생산에서 증산이 이루어진 것이다. 네덜란드에서 발표된 한 보고서에는 농부들이 장미 농장에 탄산가스를 매일 공급해주었더니 장미의 생산량이 40퍼센트나 증가했다고 한다. 실지로 유리

온실 속의 장미는 식물이 성장하기에 적당한 조건에서 태양이 비추고 있는 한낮 동안에 탄산가스를 공급해 주면, 식물은 활발한 광합성 작용으로 탄산가스를 소비함으로 생산성 향상에 크게 이바지해 온 것으로 보고 있다. 여기에 공급되는 탄산가스는 그 지역에 있는 석유화학 공장에서 버려진 송유관을 이용하여 공급받는다고 한다. 이 과학 영농법을 이용하는 대표적 농장이 네덜란드(Netherlands)의 로테르담(Rotterdam)과 헤이그(Hague) 사이의 웨스트랜드(Westland)에 있다. 이 지역은 대규모로 온실 원예 농업을 하는 지역이다. 축구장 크기의 거대한 유리온실에서 각종 채소와 관상용 식물이 경작되고 있다. 과거에는 이곳 주민들은 장미가 잘 자라도록 여름에도 가스난로를 피울 때가 많았다고 한다. 난방을 위해서가 아니라 난로에서 나오는 연소 가스를 식물에 공급하기 위해서였다. 농부들은 석유를 태워서 유리온실 속의 탄산가스의 농도를 상승시켜 그 안의 채소와 관상 식물이 잘 자라도록 비료처럼 공기 중으로 시비(施肥)했다. 농민들 사이에서 간간이 이용되던 이 방법을 획기적으로 변화시킨 것은 다국적 기업인 정유사 쉘(Shell)의 참여였다. 쉘은 공장에서 버려지는 순수한 탄산가스를 농장의 근처를 지나가는 파이프 라인을 통해 농장에까지 공급해 주었기 때문이다.

이것은 탄산가스가 산업적인 목표가 될 수 있음을 입증해주는 계기임에 틀림이 없다. 또한 산업 폐기물을 생산원료로 바꿔 대규모로 농업에 활용하는 기회를 마련하였다고 할 수 있다. 네덜란드 정부가 지원하는 이 프로젝트는 기후 변화의 문제에는 그리 도움이 되지 않지만, 탄산가스를 영농 사업에 이용하여 생산성을 높여주는 긍정적 효과를 얻어낼 수 있다는 데는 인구는 동의하고 있다. 이것은 탄산가스가 재활용 산업에 적용될 수 있다는 것을 보여 준 하나의 특별한 경우에 불과하지만, 탄산가스가 앞으로 산업의 소재로 사용될 수 있다는 새로운 표지(標識)가 될 수도 있다.

5.5

탄소가스의 용도

탄산가스는 청량음료에, 소화(消火)기에, 냉매로, 식품의 보관을 위해서, 플라스틱을 가루로 만들 때, 담배에서 니코틴을 제거할 때, 커피에서 카페인을 제거할 때 등 여러 가지 산업적으로 사용되고 있다.

탄산가스를 이용한 농업 생산성 향상을 위한 기술의 개발은 이제 네덜란드에 국한된 기술이 아니라 유리온실이나 비닐하우스를 이용한 영농 현장에서는 어디서나 쉽게 이용할 수 있는 보편적 농업기술로 발전되고 있다. 그뿐 아니다. 탄산가스는 여러 가지 방법으로 산업 현장에서 이용되고 있다. 예컨대, 음료에 청량감을 주기 위해서 탄산가스가 사용되고 있다. 전체 중량의 0.05퍼센트 정도의 탄산가스가 함유된 제품이 일반적으로 시판되고 있다. 소화(消火)시설에 이용되고 있다. 탄산가스는 공기보다 무거워 불과 공기의 차단벽을 만들어 공기의 접촉을 막아주는 방법으로 화재 현장에서 사용되고 있다.물로 소화시킬 수 없는 화재 현장 즉, 알칼리족과 알칼리토족 금속 그리고 활성 금속을 생산하고 가공하는 공장의 화재 현장에 사용되고 있다.

냉매로 이용되고 있다. 일반적으로 -78도(드라이아이스의 기화 온도) 조건을 요구하는 실험실이나 산업현장에서 고체 탄산가스(드라이아이스)가 사용되고 있다.

식품의 보관을 위해서 탄산가스가 이용되고 있다. 슈퍼마켓의 진열장을 탄산가스로 채워 산소를 차단함으로써 미생물의 성장을 억제하는 데 사용되고 있다. 플라스틱이나 금속의 작은 조각들을 분쇄할 때 사용하고 있다. 드라이아이스의 초임계상태에서 유기 분자들의 특별한 화학적 용해 특성을 이용하여 담배에서 니코틴 제거 그리고 디카페인(decaffeine) 커피의 생산에 이용하고 있다.

탄산가스는 산업에 쓰이는 여러 다른 화합물보다 환경친화적이다. 왜냐하면 상온에서는 기화하여 흔적을 남기지 않기 때문이다. 탄산가스는 농도만 잘 조정해 준다면 별다른 안전조치 없이도 이용할 수 있는 매력적인 물질이다. 그러나 탄산가스는 약간의 위험성을 감수해야 하는 기체이다. 좁은 공간에 오래 머물면 불쾌해지는 것도 탄산가스의 증가에서 오는 현상이다. 탄산가스의 농도가 증가하여 공기 중에 3~4퍼센트만 있어도 사람은 몽롱해지며 숨 가빠하고 육체적인 능률은 떨어진다. 공기 중에 7퍼센트의 탄산가스가 있다면 신경계가 마비되어 쓰러질 수 있다. 탄산가스가 발생하는 양조장이나 와인공장에서는 가끔 이에 관련된 사고가 일어나고 있다.

지금으로부터 일백여 년 전 하버가 만든 질소비료는 유럽을 기아의 늪에서 구출하였다. 그로부터 백여 년이 지난 지금 탄산가스는 어떤 이야기를 인류에게 해 줄 수 있을까? 식물의 성장에 이용될 수 있는 탄산가스를 원료로 하는 고체 비료가 나타나지 않을까?

탄소발자국

탄소발자국이 추구하는 목적은 생필품이 산업 현장에서 만들어져 우리 손에 들어올 때까지 이용된 에너지의 양을 계산하여 사용된 에너지가 배출하는 탄산가스의 대략적인 양을 알려주는 데 있다.

"탄산가스의 배출에 관한 대중매체가 보도하는 기사는 이미 탄산가스 자체보다도 더 유명해졌다"라는 어느 환경학자의 진언(眞言)이 흥미롭다. 많은 언론에서 탄산가스가 앞으로 지구의 환경에 크게 영향을 미친다고 보도하고 있지만 보도 내용에는 탄산가스가 어떻게 환경에 영향을 주는지, 별다른 설명이 없거나 과학적 근거가 부족한 경우가 많다. 그뿐 아니다. 탄산가스의 대기 중의 농도가 증가하고 감소하는 과학적 의미는 무엇이며 탄산가스의 배출량을 어떻게 계산하는지에 대한 언급이 전혀 없는 경우도 많다. 지금 계산되고 체계화된 표1 혹은 2에 표현된 데이터[70]도 어떤 방법으로 계산되었는지에 대한 과정과 그에 따른 지표를 제공하지 않고 있다. 아마도 환경에 관련된 분야는 물리 화학 생물 및 지학 등이 참여하고 있는 종합과학 분야로, 고도의 전문성과 판단력 그리고 폭넓은 이해가 필요한 분야로 접근이 어려워서 일수도 있다. 사실 이 데이터들은 지금까지도 표준화된 측정법이나 계산하는 기준도 모호해 데이터들에 대한 공신력은 어렴풋한 편이다. 그러나 탄소 발자국이 추구하고 있는 목적은 분명하다. 생필품이나 농산물이 산업 현장 혹은 농장에서 생산되어 우리 손에 들어올 때까지 이용된 에너지의 양을 계산하여 사용된 에너지가 화석 연료일 경우 대기 중으로 방출되는 탄산가스의 대략적인 양을 알려주는 것이 일차적인 목적이다. 따라서 이 데이터들은 과학적 배경을 설명보다는 환경에 대한 경고의 의미가 더 강한 편이 이 데이터가 가지고 있는 의미라할 수 있다. (표1, 2 참조) 지금까지 발표된 여러 탄소 발자국에 대한 데이터는 환경 관련 연구소들이 독자적으로 정한 기준에 따른 값으로 객관성보다는 농산물에서 공산품까지 생산을 위해 소비되는 탄소의 대략적인 양을 파악하는 데는 목적이 있다. 예컨대, 커피 한잔을 위해서는 120그램의 탄산가스가 배출된다는 계산은 원두의 재배에서부터 운송 및 구매 그리고 커피를 만드는데 필요한 에너지 등 커피 한잔을 만들기 위해 소모되는 모든 비용을 계산하여 나온 수치이다. 여기에 제공되는 데이터는 커피 한잔이 지급해야 하는 탄소 에너지의 소비 경향을 파악하는 데는 충분한 가치가 있다.

탄소 발자국이라는 개념은 2006년 영국 의회 과학기술처(POST)에서 최초로 제안한 주제로 탄산가스가 환경에 미치는 영향을 일반인에게 알려주는 방법을 고민하던 중 농산물에서 공산품까지 제품이 생산되어 소비자에게 전달될 때까지 발생하는 탄산가스의 총량을 추적하여 표시하는 데서 유래하였다. 이는 지구 온난화와 그에 따른 이상 기후, 환경 변화, 재난에 관한 관심과 우려가 커지면서, 그 원인 중 하나로 제시되는 탄산가스의 발생량을 감소시키고자 하는 취지에서 사용되었다. 이는 일상의 모든 제품 즉 식품, 연료, 생활용품을 모두 포함하고 있다. 우리나라에서 4인 기준 한 가구가 배출하는 탄소는 한 달 평균이 103.6kg이다.

표1 탄산가스 발자국*		
발생인자	배출량(kg)	비고
인간	0.70(일배출)	19세 이상 성인
커피 한잔	0.12	커피 한잔을 200ml로 계산했을 때
소고기 1kg	25.6	한국, 평균값
배달용 플라스틱 용기	0.453	한국, 평균값
설렁탕	10.01	한국, 한 그릇
영화감상	4.8	소요 시간 1시간 30분
신문	1.00	매일 신문
냉장고	0.554	하루 전기사용량
종이컵	0.11	1개
전기	1000(1년 배출)	독일, 1인당
난방	1800(1년 배출)	독일, 1인당
승용차	2600(1년 배출)	독일, 평균값
여객기	4200	승객 1명당
*배출량은 접근 방법과 계산법에 따라서 차이가 날 수 있음		

표2 인구 1인당 탄산가스 배출량(1년 기준, 단위: 톤)		
사우디아라비아	18.1	
미국	16.1	
캐나다	15.3	
한국	12.1	
러시아	11.6	2018년 배출량 기준
일본	9.1	
중국	7.1	
유럽연합	6.7	
인도	2	
아프리카	0.9	
세계 평균	4.2	

5.7

탄소 제로

현대인은 탄산가스의 증가를 막을 수 없다. 아무리 탄소 제로를 외쳐
도 탄산가스는 증가할 것이고 지구의 온도도 상승할 것이다.

- 엔스 죈트겐 & 아르미 렐러(유영미 옮김), 『이산화탄소』,
자연과 생태(2015)

현재 대기 중에 존재하는 탄산가스는 바이오매스에서 호흡과 발효
의 결과로 발생하는 자연적 생산품과 화석연료의 산화에 의해서 대기
권으로 배출된 것이 섞인 이른바 혼합물 아닌 혼합물이다. 이 둘은 서
로 다른 주기로 운영되고 있어, 같은 수위에다 올려놓고 중언부언하는
것은 옳지 않다. 후자는 적어도 수천만에서 수억 년을 지하에 묻혀있
던 것으로, 우리와는 교류가 단절되고 잊힌 무덤의 유산이다. 그에 반

해 동물의 호흡과 일반적 산화(발효)로 생산되는 탄산가스는 대기와 생명 사이를 오가던 것으로 길어야 몇십 년이라는 짧은 순환 주기에 있던 것들이다. 과거의 유산으로부터 사용하고 버려지는 탄산가스가 바이오매스의 순환 주기에 들어와 더해지면서 수억 년 시간의 단절을 넘어서선 탄소가 이 평형을 교란하고 있다. 그 결과 지금까지 평형에 있던 탄소의 순환은 기울어지고 있다. 이 기울어진 평형을 다시 제자리로 돌리는 길은 탄산가스의 발생을 줄이는 것과 이미 발생한 가스를 제거하는 것이다. 말이 쉬워 제자리로 돌린다지만, 자연은 한 번도 제자리로 돌아온 적이 없는 엔트로피의 진행형이다.

대기 중의 증가하는 탄산가스를 제거할 방법은 현재로서는 식물이 유일하다. 바닷물이 일부를 흡수하여 대기 중의 탄소를 줄여줄 수도 있지만 이미 그곳도 포화상태이다. 그렇다면 나무를 심어 녹색 친구의 도움을 받아 문제를 해결하는 방법이 유일하지만, 나무 한 그루가 평생 얼마나 많은 탄산가스를 흡수하여 분해할 수 있는지 먼저 계산해보면, 그것도 불가능하다. 지극히 피상적인 계산이지만 나무가 가진 평균적 탄소의 양은 약 22퍼센트라고 한다. 즉 살아있는 나무 한 그루를 구성하는 100kg의 목재에는 22kg의 탄소가 포함되어 있고, 하루에 대기 중의 탄산가스 0.8kg을 흡수하고 0.6kg의 산소를 생산해 낸다고 한다. 이를 바탕으로 계산하면 건강한 나무(200kg) 약 100그루가 심겨 있는 숲은 1년에 약 5.5톤의 탄산가스를 흡수하고 4.1톤의 산소를 생산해 낸다. 이 데이터에 의하면, 나무를 심는 것이 탄산가스의 증가를 줄일 수 있는 유일한 방법이 될 수도 있다. 그렇지만 지금 대기 중에 남아도는 탄산가스를 모두 제거하기 위하여 나무를 심는다면 얼마나 큰 면적이 필요할까? 그 해답은 현재 나무가 심어진 지구의 면적의 세 배가 필요하다는 계산이다. 이 방법도 불가능하다. 그렇다면 지구에서 탄산가스를 줄여갈 방법은 있는가? 화석연료의 사용을 줄이는 것이 유일하다. 솔직하게 말하면 이것도 일부분은 가능하겠지만 불가능하다고 보는 견해가 많다.

POST(영국 의회 과학기술처)의 보고서에 의하면 화석연료의 배출량이 한 사람당 연간 약 4.2 톤이라고 한다. 그중에서도 이른바 선진국이라고 하는 OECD 국가들의 평균 배출량은 11톤으로 세계인의 전체 평균치보다 약 세 배 정도가 더 높다. 그런가 하면, 아프리카의 여러 국가의 평균값은 0.9톤으로 OECD 국가들의 평균치보다 낮다. (표2 참조) 인류가 자연이 소비할 수 있는 정도만 탄산가스를 배출한다면 매년 탄소가 평형을 이루는 환경에서 살 수 있다. 그러나 현대인의 생활 방식은 이미 그 한계를 넘어버렸다. 생활 방식을 바꾸어도 탄산가스의 증가를 막을 가능성은 희박하다. 아무리 탄소 제로를 외쳐도 현재 지구의 온도가 상승한다는 것은 공론화된 사실이다. 그것은 지구 온도의 상승이 탄산가스에 국한되어 있지 않다는 증거이다.

5.8

복사선의 역할

괴테는 파우스트에서 이런 말을 했다.

"소중한 친구여, 이론이란 모두 회색이라네. 그러나 삶의 나무는 녹색
이지."

원시 지구에서 탄산가스는 무슨 역할을 했을까? 역설적이지만 탄산
가스의 역할 중의 하나는 지구에서 우주로 빠져나가는 열을 막아 지
구가 빠르게 식지 않게 해주는 역할을 했을 것이라는 견해가 있다. 이
것은 탄산가스가 지구의 에너지가 우주로 빠져나가되 그 속도를 느리
게 하는 역할을 하여 지구에 열을 잡아두는 역할을 했다는 것이다.
(5.2 참조) 원시 우주는 지금처럼 팽창하지 못했다. 따라서 우주의 크기
는 지금보다 작았고 지구도 그리 뜨겁지 않았다. 왜냐하면 그 시기에
태양의 복사선은 지금의 약 70퍼센트 정도였기 때문이다. 태양의 복사

에너지는 다시 지구를 둘러싼 기체들에 의해 약 30퍼센트는 차단되었고 나머지만 지구에 도달하였다. 그 적은 에너지만으로도 지구는 탄산가스에 의한 온난화로 지금보다는 훨씬 높은 온도를 유지할 수 있었다. 그리고 그 기간은 오래 계속되었다. 지구에서 이런 온실 효과가 없었다면 지구에 쏟아져 들어온 태양 에너지는 우주로 모두 날아가 버렸을 것이고 냉각된 지구의 바닷물은 얼어붙었을 것이다. 결과는 대기와 대양의 교류가 단절되고 생물의 생존은 거의 불가능했을 것이며 지구는 동토가 되었을 것이다. 돌과 바람만으로 구성되었던 원시 지구에서 생명이 탄생하기까지는 10억 년을 기다려야 했다. 그리고 또 동물이 탄생할 때까지 수억 년을 더 인내해야 했다. 원시 지구에서 탄산가스의 역할이 없었다면 생명의 탄생이라는 놀라운 변화도 없었을 것이다. 그렇다면 금성에서는 왜 이런 변화가 없었을까? 금성은 생명 탄생의 조건을 갖추지 못한 별이다. 지구가 금성처럼 돌과 먼지와 탄산가스의 별이 되는 운명을 피할 수 있었던 것은 물과 생명이 있었기 때문이다. 물론 탄산염이 포함된 광물의 풍화 과정에 탄산가스가 참여함으로써 일정량은 소모되었다. 그러나 이 무기화학적 과정은 생명체에 의한 탄산가스의 고정에 비해 극히 제한적이었다. 왜냐하면 이 둘의 만남(탄산가스와 지구면)은 이차원적이며 그 양이 한정되었기 때문이다. 그 외에 바닷물이 흡수하여 소모한 양도 있지만 지금처럼 포화 상태로 있어 탄산가스를 줄이는 데 크게 도움이 못 되었을 것이다. 광합성만이 탄소를 고정할 수 있는 유일한 체제로 식물만이 할 수 있는 일이었다. 이 모든 과정을 예외로 하더라도 금성과 지구의 차이는 지구의 탄소는 고체로 대부분 지각에 묻혀있고 금성은 기체로 대기권에 남아있다. 이 차이가 생명의 별과 불타는 별의 차이로 나타났다.여러 번 언급하였지만, 원시 지구에서 광합성이 시작되면서부터 산소의 출현으로 생명체들은 산화 반응을 통해 새로운 물질대사가 시작되었고, 식물도 물의 도움으로 탄산가스를 분해서 얻은 에너지로 살아가고 있다. 그러나 이 둘이 얽어가는 윤회는 지구를 정지하고 있던 시대에서 율동하는 새로운 세상으로 인도해갔다. 산소를 호흡하는 세포들은 아주 효율적으로 에너지를 단백질이나 당의 분해로 얻고 탄산가스를 버릴 수 있는 나노기계들이다. 탄산가스를 소모하는 식물의 나노 공장은 글루코스를 합성하는 체제를 태양 에너지의 도움으로 운영하고 있었다. (5.3 참조)

그 결과 지금으로부터 5억 8천만~5억 4천만 년 사이에서 대기 중의 산소 함량이 2퍼센트 이상으로 증가하였다. 그 시기에 오존층이 성층권에서 형성됨으로써 동물의 생존 조건도 서서히 개선되고 있었다. 오존층의 형성은 지구로 들어오는 태양광에서 자외선을 차단함으로써 동물이 살아가는 쾌적한 환경이 조성되기 시작하였음을 의미하고 있다. 성층권에서 자외선은 산소 분자를 활성산소(nascent oxygen)로 분해하는 과정에 UV(자외선)의 강력한 에너지를 소모해 지구까지 자외선 에너지가 들어오는 것을 막아주는 효과를 가지고 있다.

현재 진행되는 탄산가스의 증가는 언제까지 계속될까? 이 질문에 과학자들은 '화석연료가 다 할 때까지'라고 답하고 있다. 그러나 쓰고남은 재가 평형에 도달하려면 약 200년이 더 필요할 것이라는 견해에 수긍이 간다. 20세기에 지구의 평균 온도의 상승은 탄산가스의 증가로 인한 온실 효과뿐만은 아니다. 공장이나 도시에서 흘러나오는 여열(餘熱) 또한 중요한 원인이 되고 있다. 따라서 탄산가스 모델에만 근거한 기후 예측은 분명하지 않다. 도시나 공장에서 뿜어져 나오는 여열과 지구의 주기설에 의한 온도 상승을 폭넓게 도입하고 비교하여 지구의 기온 상승을 예측해야 한다. 전문가들이 제시하고 있는 기온 상승의 범위는 위에서도 밝힌 바와 같이 여러 모델의 평균값을 종합하여 0.5~6.4도의 범위가 될 것이라고 한다. 이것은 탄산가스의 배출량을 감축하기 위하여 어떤 노력을 하든 지구는 이 정도의 온도 상승을 감내해야 함을 의미하고 있다. 어떤 보고서에 의하면 많은 나라들이 천문학적인 돈을 투자해서 지구의 온도를 몇 도나 낮출 수 있을까? 하는 질문에 0.5도의 희망도 불분명하다고 답하고 있다.

5.9

탄산가스는 위험한 기체인가?

"쥐 죽은 듯한 고요가 마을을 지배하고 있었다. 찌르레기 한 마리도 울지 않았다. 그 많던 파리 한 마리도 윙윙대지 않았다. 곳곳에 이제 막 피어난 꽃에는 벌 한 마리 나비 한 쌍이 없었다. 마을은 고요했다. 집 대부분은 문이 닫혀 있었고 어떤 집 앞에는 가족들이 껴안고 죽어 있었다. 그리고 소들이 여기저기 넘어져 있었다."

아프리카의 카메룬에서 있었던 자연재해 현장을 목격 한 목회자가 전한 내용이다.

탄산가스는 위험한 기체인가? 나의 대답은 "그렇다"이다. 청량음료나 맥주 속에도 들어있고 우리의 호흡에도 들어있으며 모닥불을 피어놓고 둘러앉은 캠프파이어에서 만나게 되는 불빛 사이로 흘러나오는 탄산가스가 위험한 기체인가? 라는 질문에 "그렇다"라고 말 할 수 있는 근거는 많다. 우선 사람이 숨을 쉬는 동안, 날숨에 포함된 탄산가스는 약 4퍼센트로 대기가 가지고 있는 0.038퍼센트보다 약 백배 더 많다. 계산에 의하면, 성인이 하루에 배출하는 탄산가스의 양은 약 700그램 정도이다. 이것은 인간이 호흡을 통해 대기 중으로 버려지는 폐기물이다. 반면 공기 중의 산소의 함량은 21퍼센트인데 한 번 들숨에 약 6퍼센트가 소모되고 남은 15퍼센트는 다시 날 숨으로 배출된다. 이것은 한 번의 들숨 호흡에서 일어난 화학 변화에 따른 기록이다. 그 결과 사람이 밀폐된 공간에 있다면 산소가 줄어드는 속도보다 탄산가스가 증가하는 속도를 훨씬 빠르게 느끼게 된다. 그 결과 약 5퍼센트의 탄산가스가 들어있는 밀폐된 공간에서는 많은 사람이 어지럼증을 호소하고 약 7퍼센트가 되면 사람들은 의식을 잃고 쓰러질 수 있다. 이 경우는 매우 위험하다. 왜냐하면 탄산가스의 비중은 공기보다 1.5배 더 무거워 바닥부터 쌓이기 때문이다. 만약 탄산가스에 의해 쓰러진 사람을 방치하면 그 결과는 사망으로 이어질 수도 있다. 탄산가스로 인한 사고는 과일주 창고나 맥주 공장에서도 가끔 일어나는 사건으로 밀폐된 공간에서는 이 가스는 사람의 생명을 공격할 수도 있다.

로마 신화에 등장하는 메피티스(Mefitis)[71]는 유독한 증기의 여신이다. 이 여신은 나폴리 인근 포추올리(Pozzuoli)에 있는 화산의 분화구에 산다고 고대 로마인들은 믿고 있었다. 지금도 그 화산의 분화구에서는 유황을 비롯한 많은 유독가스가 품어져 나오고 있다. 기록에 의하면 과거 화산 근처에 살던 사람들은 시름시름 앓다가 죽어간 경우가 더러 있었고 하루아침에 한 고을의 사람들이 모두 죽어 없어지는 불행한 상황도 발생했다고 한다. 그때마다 로마인들은 이것을 '메피티스의 저주'라 하며 불행한 상황을 피하고자 제사를 지냈다는 기록이 남아있다.오늘날에도 이런 비극이 일어난 곳이 있다. 아프리카의 카메룬에서 있었던 일이다. 1986년 8월 21일 밤 카메룬의 니오스 호수(Lake Nyos) 주변 마을에 살고 있던 주민 1,700명과 가축 3,500마리가 떼죽음을 당한 사건이 발생했다.

이 사건을 조사한 지질학자들은 탄산가스를 사건의 주범으로 지목했다. 그들의 주장은 지하 마그마로부터 흘러나와 호수 바닥에 모여 있던 탄산가스가 그날 밤 약한 지진에 의해 지반이 뒤틀리면서 호수 위로 솟아올라 주변 지역으로 서서히 확산하였고 공기보다 무거운 이 죽음의 기체는 한밤중에 지표면을 타고 퍼져나갔다. 이 기체가 메피티스(Mephitis)를 앞세워 마을을 소리 없이 덮친 것이다. 이 사실을 모르고 깊은 잠에 빠져 있었던 마을의 모든 생명체(사람과 동물 그리고 작은 곤충들까지)는 메피티스를 따라 어둠 속으로 사라져버렸다.

이 지역은 평소에도 탄산가스의 농도가 높은 곳으로 그 지역은 천연 발효실과 같았다고 한다. 탄산가스가 돌 속의 이온들과 반응하여 하얀 가루를 돌 위에 뿌려놓는 경고를 그들에게 보냈지만, 주민들은 이 죽음의 백색 가루에 그리 민감하지 못했다. 그들이 태어나 살아온 과정 내내 봐오던 광경이었기 때문이었다. 그리고 그날 밤에는 그 한계를 넘어섰다. 돌의 표면을 덮고 있던 하얀 가루는 탄산염으로 다른 지역에서는 반응속도가 느려 현재는 관찰할 수 없다. 이 탄산염은 칼슘과 마그네슘이 대부분이며 그 밖에도 알칼리 족과 제 삼족 원소와 전위 원소들의 탄산염이 형성되기도 한다.

화산이 가까이 있는 지형에서는 그것이 휴화산이라 할지라도 탄산가스가 바위를 녹이고 있다. 때로는 지반이 약한 곳에서는 흘러나와 바위를 녹여 동굴을 만들기도 한다. 이 과정은 화산 근처에서는 지금도 진행되고 있다. 돌도 녹여 탄산염을 형성하는 탄산가스는 때에 따라서는 매우 위험한 기체에 속하고 있다.

5.10

델피(Delphoi, Delfoi)의 신탁

어느 날 목동이 아테네의 코레타스(Coretas)에 이르렀을 때 그가 치던 염소들이 이상 행동을 하는 것을 보았다. 목동이 그곳에 가자 그도 곧 예언의 영이 충만해져 미래를 예언할 수 있는 능력을 갖추게 되었다.

탄산가스가 인간의 삶에 영향을 미친 사건들을 역사와 함께 살펴보는 것은 그리 쉬운 일은 아니다. 탄산가스는 흔적을 남기지 않기 때문이다. 그 흔적을 찾는 연구는 보이지 않는 환영(幻影)을 좇는 것 같아 구전되어 오는 이야기와 남아있는 약간의 기록에 의존하는 경우가 대부분이다. 예컨대, '델피의 신탁'[72]과 같은 이야기이다. 델피(Delfoi, Delphoi)는 고대 그리스에서 가장 명성이 높고 권위가 있는 신탁의 장소였다. 1860년에 발견된 돌조각에는 기원전 328~327년에 작성된 것으로 "델피는 집정관 테오리토스와 자문관 에피게네스의 이름으로 낙소스 사람들의 신전에서 피티아 인에게 신탁을 물을 우선적 권리를 허가한다.”라는 내용이 적혀 있었다. 이처럼 신탁의 장소는 많은 사람이 모여 신탁을 의뢰하고 답을 기다리는 곳이었다. 지금까지 발견된 수많은 신탁 중에 코레타스라는 이름을 가진 양치기 소년에 관한 이야기는 이 신탁이 어떻게 이루어졌는지를 잘 보여주는 사례라 할 수 있다. 델피의 신전은 아폴로의 신전 가까이 있다.델피는 가끔 향긋한 공기가 흐르는 곳이었다. 그리스인들은 이 향기가 신탁을 부르는 능력이라고 믿었다. 어느 날 코레타스의 땅이 갈라진 틈에 목동이 이르렀을 때 염소들이 이상 행동을 하는 것을 보았다. 목동이 그곳에 가자 그도 곧 예언의 영이 충만해져 미래를 예언할 수 있는 능력을 얻게 되었다. 이후 소문을 들은 많은 예언자가 이곳에 모여들었지만, 코레타스의 바위 틈새에 빠진 후 돌아오지 못했다. 현대에 와서 이 신전이 있던 바위틈의 공기를 검사한 과학자들은 이곳에서 미세하게 흘러나오는 가스 성분이 탄산가스와 에틸렌($H_2C=CH_2$)이라는 것을 밝혀냈다. 에틸렌은 단맛이 나는 향긋한 향기를 가진 기체로 흡입하면 환각을 일으키는 기체다. 탄산가스와 에틸렌이 섞여 있는 기체는 바위틈에서 새어 나와 델피를 덮고 있었고 신탁을 기다리던 델포이의 예언자들은 예언을 말하기 전에 바위틈으로 예언의 신을 따라 사라진 경우가 빈번히 발생했다. 여사제 피티아(Pythia)[73]가 지하의 갈라진 틈 사이로 나오는 증기를 마시고 신의 계시를 받아 신탁을 중얼거리면 사제는 이 말을 시적 언어로 적어서 의뢰인에게 넘겼다고 한다. 그러나 그 델피의 신탁은 아직도 채색되지 않은 슬픈 이야기들이 남아있는 곳이다. 왜냐하면 신탁을 기다리던 대부분은 메피티스의 여신을 따라 그들이 간직했던 신탁의 사연을 안고 바위틈으로 사라져버렸기 때문이다.

로마 신화에 등장하는 유독한 증기의 여신 메피티스(Mephitis)는 늪지나 화산분화구에서 유독한 증기를 내뿜는다고 알려져 있다. 고대 로마인들은 메피티스의 여신이 나폴리 인근 포추올리(Pozzuoli)의 화산분화구에서 산다고 믿었다. 이 화산의 분화구에서는 유황 성분이 있는 유독한 증기가 많이 나왔기 때문이다. 특히 고대 로마에서는 전염병이 퍼지면 화산의 분화구에서 나오는 유독한 증기에서 비롯된 것으로 생각했다. 전염병으로 사람들이나 가축이 죽을 때면 메피티스 여신 숭배는 더욱 활기를 띠었다. 지금도 그 화산의 분화구에서는 유황을 비롯한 많은 탄산가스와 유독가스가 품어져 나오고 있다.

메피티스의 여신에 관련된 끔찍한 사고는 지각 활동이 비교적 활발하게 일어나고 있는 화산 지역이나 온천 지역 같이 지각 변화 때문에 지구의 내부에서 에너지 활동이 활발하게 일어나는 지역에서 자주 발생하고 있다는 공통점이 있다. 이러한 지각 변화가 있는 곳에서는 그 내부로부터 흘러나온 가스가 지각에 갇혀 있고 작은 구멍들이 생기면 그를 통해 외부로 배출하고 있다.

5.11

해수 온도가 상승하면

　　지구의 기온에 영향을 미치는 인자들(탄산가스를 포함하여 할로겐화합물,
질소화합물, 그리고 탄화수소들 등)의 활동과 지구의 주기적 온도변화 등을
포함된 미래 예측 시나리오는 금세기 말까지 평균 기온이 0.5~6.4도까
지의 범위에서 상승할 것이라 한다.

　　탄산가스가 지구의 기온을 상승시키는 원인을 제공하는 물질이라는
데 반대하지 않는다. 하지만, 꼭 그것만이 기온 상승의 원인 제공자라
는 것에는 동의하기 어렵다. 왜냐하면 기후에 영향을 미치는 인자들은
위에서도(5.6 참조) 언급했지만, 탄산가스를 포함하여 할로겐화합물 메탄
과 같은 탄소 화합물과 질소 산화물 그리고 수많은 다른 기온 상승의
요인이 되는 인자들이 대기 중에 떠돌고 있기 때문이다. 이보다 더 중요
하게 다루어야 할 분야는 기후 시스템에 관한 문제들이다. 예컨대 주기

설이다. 대기의 온도는 주기적으로 상승했다가 다시 감소하는 사이클을 그리며 지구 온도 변화를 주도하고 있다는 것이다. 지금은 지구의 온도가 서서히 상승하는 시기에 놓여있다고 한다. 이 시기와 탄산가스가 증가하고 있는 현재의 조건이 겹쳐 지구의 온도가 증가한다는 주장이 설득력이 있게 받아들여지고 있지만, 탄산가스에 대한 공격은 더욱 심해지고 있다. 현재 기후의 변화에 대한 최대 관점은 기온 상승이 더 지속될 것인가 하는 데 있다. 그러나 이 질문에 명백한 해답은 없다. 왜냐하면 기후에 영향을 미치는 인자들이 너무 많아 명백한 예측은 불가능하기 때문이다. 기온 변화에 대한 여러 가지의 시나리오들이 설정되어 있고 인간의 참여로 불어나는 온실가스를 포함한 인자들을 고려한 보고서는 대부분 기온이 상승할 것으로 예측한 자료가 많다. 이들 자료에 의하면 금세기 말까지 평균 기온이 0.5~6.4도까지의 범위에서 상승한다는 예측이 인구에 회자하고 있다. 이 시나리오는 온실가스의 증가가 인간에 의해서 발생하였을 때 예상되는 영향만을 고려한 것이지 지구 주기의 변화는 고려하지 않은 데이터들이다. 따라서 이 데이터는 실지와 아주 다를 수도 있다. 하지만 확실한 것은, 이대로 온실가스의 증가가 계속된다면 "지구의 기온은 상승할 것이다"라는 예측에는 이견이 없다. 온실가스의 증가로 기온이 상승하면 해수면은 상승할까? 하는 질문에는 '그렇다'라는 대답과 해수의 온도 변화가 지구 환경에 크게 영향을 미치게 될 것이라 답할 수 있다. 가령 해수의 온도가 1도 상승하면 해수의 증기압도 그만큼 상승하게 된다. 그 결과 지역적으로 바닷물의 기화는 가속되고 하늘에 떠다니는 물(구름)은 증가하게 된다. 결과는 집중호

우와 가뭄이다. 서로 뭉쳐지기를 좋아하는 물은 많이 모이는 곳과 그렇지 않은 곳으로 나눌 수 있다. 하늘에 물이 증가하면 그 가능성은 더욱 커지게 된다. 하늘은 수소결합이라는 아주 쉬운 방법으로 구름이 적은 부분의 물을 물이 많은 구름 쪽으로 미끄러지듯 이동시켜 줄 수 있기 때문이다. 여기에 약간의 바람이 불어준다면 그 시나리오는 완벽하다. 물이 많이 모이는 곳은 집중호우를, 그리고 적게 모인 하늘 아래에서는 가뭄이 발생하는 것은 명백하다. 이 끌림의 역학이 작동하고 있는 하늘은 가진 자와 빼앗기는 자의 공식을 부인하지 않는다.

해수 온도가 증가하게 되면 21세기 말에는 해수면의 평균 상승이 15cm라고 하는 보고서도 있다. 이미 1993년부터 2003년 사이에 한해 평균 3.1mm씩 상승했다는 조사 결과가 IPCC(2007)[74]에 의해 발표된 적도 있다. 다른 보고서에서도 21세기 말까지의 해수면 상승은 18에서 59cm에 이를 것이라 한다. 이러한 원인은 바닷물의 온도 상승에 따르는 부피 팽창도 있지만 육지의 빙하가 녹아 바다에 유입되어 나타나는 현상이라 할 수도 있다.

그린란드의 얼음은 지금도 녹고 있다. 빙하가 계속해서 그렇게 녹는다면 해수 상승은 불가피하다. 그러나 남극 대륙의 얼음이 녹지 않을 것이다. 녹아도 해수면의 상승에는 영향이 없다. 남극 대륙은 너무 추워 얼음이 녹아도 빠르게 다시 얼기 때문이다. 바닷물 온도가 상승하면 어떻게 될까? 대기는 덥고 습해지고 폭풍도 많이 올 것이다. 물론 강수량도 많아질 것이다. 이것은 오늘 정원에 피어있는 장미를 내년 이때쯤 다시 볼 수 없을 수도 있다는 경고와 같은 것이다.

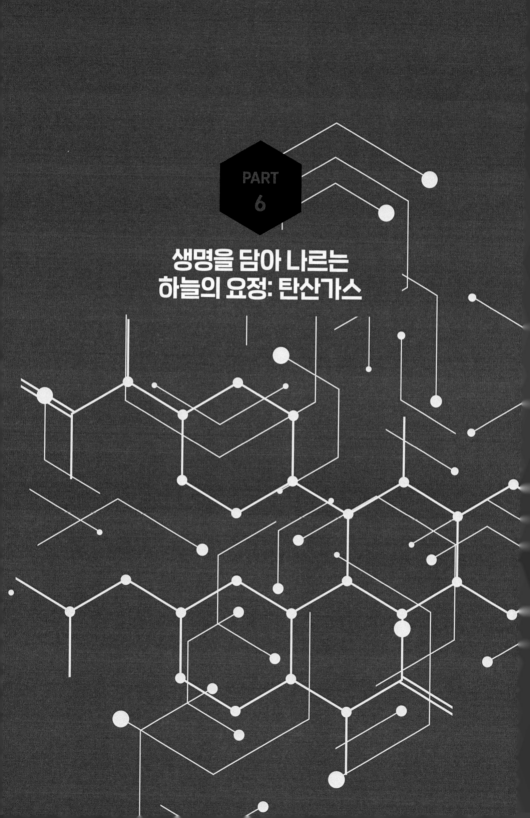

PART 6

생명을 담아 나르는
하늘의 요정: 탄산가스

6

생명을 담아 나르는 하늘의 요정: 탄산가스

그러므로 생명이란 작은 점에서 생겨나 미래로 향하는 질서에 따라 다른 생명체와 윤해(允諧)하는 작은 손짓과 사랑과 전쟁 그리고 아랑(阿郎)과 미움 같은 것이다.

6.1

빛과 창호의 윤해(允諧)

엔트로피를 따라가는 생명 과정은 물과 탄산가스가 광선을 타고 들어
오는 빛 가루들이 뿌려주는 에너지로 운영되는 양자들의 여정이다.

생물은 외부로부터 들여온 물질과 에너지로 생명을 유지하고, 성장
하며, 조직을 만들고 번식하며 살아간다. 이 생명 과정은 엔트로피의
증가가 이끄는 자발적 과정(spontaneous process)으로 물이 흐르듯 유
유(唯唯)하다. 그러나 그 과정이 왜 그렇게 유유한지를 과학이 밝히는
것은 그리 간단치 않다. 왜냐하면 생명은 그 자체가 스스로 무한한 능
력을 지닌 개별자로 우리의 사고를 많이 벗어나 있기 때문이다. 빛에너
지는 모든 생명체에게는 없어서는 안 될 지고(至高)한 현존으로 식물에
는 생명을 부르는 영(令)과 같다. 식물은 햇빛으로부터 에너지를 얻어
태양이 빛나는 동안 호흡하고 탄소를 축적하고 성장한다. 이 빛과 창

호(녹색 잎)의 관계는 식물이 지구에 모습을 드러낸 처음부터 지금까지 이어온 오래된 지향성을 지닌 해독되지 않은 자연의 한 풍경이다. 이 신비스럽기만 한 과정을 '기적' 혹은 '기적 같다'라 하는 것은, 아직껏 현존이 불확실한 나노 세상을 그들은 유유하게 운영하기 때문이다. 물은 모든 것에 앞서서 존재해왔다. 아마도 지구 탄생의 역사에서 수소 분자(H_2)를 제외하고 가장 먼저 나타난 분자형 물질이라 할 수 있다. 과학자들의 추론에 의하면 46억 6천만 년 전에 태양을 감싸고 있던 가스 구름이 폭발하여 별들이 생겨났고 물도 생겨났다고 한다. 그 시기에 나타나 우주를 떠돌던 물은, 불덩이처럼 달궈진 지구의 하늘에 이끌리듯 모여들었고 그 위를 채웠다. 물을 품은 구름은 지구를 감싸고 돌고 있었다. 지구가 점차 식어가자 하늘을 떠돌던 물은 지구와 하늘을 오가며 지각 온도를 식히기 시작하였다. 지구가 점점 더 식어가자 하늘의 물은 땅으로 내려와 푸른 바다를 이루었다는 것이 물의 지구 안착에 관한 일반적 생각이다. 그러나 물의 기원에 대해서 정설은 아직 없다. 최근에는 외계 유입설 이른바 판스페르미아(panspermia)[75]를 주장하는 학설이 나타나 물의 기원에 대해 유력한 후보자로 등장하였다. 43억 6천만 년 전에도 이미 지구에는 물이 있었음이 지르코늄(Zr) 결정 연구로 확인되었다. 지르코늄 결정은 물의 존재를 알려주는 가장 최근의 연구 기법이다. 모든 생명체는 물에 종속된 피조물이다. 탄생과 성장 그리고 죽음까지도 그 안에 있기 때문이다. 생명이 잉태한 최초의 장소도 물이며 탄산가스를 식물의 혈관 속으로 불러들이는 개별자도 물이었다. 물은 또 세상의 모든 것과 잘 어울리는 아늑한 어머니 같은 물질이다. 그 위로 내려앉아 겹겹이 쌓인 시간의 흔적은 생명의 역사나 다름이 없다.

원시 지구의 대기는 다량의 탄산가스와 질소 그리고 매우 적게는 산소와 다른 미량 원소들이 섞여 있었다. 그러나 그때 지구에 존재하던 미량의 산소는 동물이 호흡하기에는 턱없이 부족한 양으로 동물의 생존과 탄생에 영향을 줄 수 있는 정도는 아니었다. 산소가 대량으로 대기 중에 나타나기 전에는 동물이 살았다는 흔적이 없었던 것도 이를 뒷받침해주는 증거이다. 반면 높은 탄산가스의 농도로 원시 지구의 대기는 지금보다 1.5배나 더 무거웠다. 그리고 그 아래에 존재하던 모든 것은 마치 두꺼운 이불을 덮고 있는 것처럼 중력을 느꼈을 것이다. 대기 중의 탄산가스로 인해 열이 지표에 갇히는 온난화는 말할 것도 없다. 현재 0.038퍼센트의 농도가 존재하는 대기의 구성에서 미세하게 증가하는 탄산가스의 양이 온난화의 주범이라는 간살맞은 주장과 비교하면, 원시 지구를 구성하던 대기의 속사정은 어느 정도인지를 짐작할 수 있다. 과거 지구의 하늘을 채웠던 탄산가스는 현재보다 800배나 되는 힘으로 지구를 누르고 있었다. 그러나 역설적이지만, 생명이 나타난 후 온난화를 일으킨 탄산가스는 식물의 성장에는 크게 도움이 되었다. 그 당시에 살았던 식물의 성장 속도나 크기는 지금보다 더 빠르고 거대했다. 화석 속에는 그때 살았던 식물은 태양 에너지를 받아들이도록 진화한 잎의 흔적은 없고 줄기와 가지만 있었다. 탄소를 받아들이기 위해 잎의 존재가 필요하지 않았기 때문이다. 녹색 줄기가 오직 빛과 탄산가스를 받아들이는 유일한 창구였다. 그러나 탄산가스의 농도가 점점 줄어들자 식물은 생명의 분자와 에너지를 받아들이기 위해 그 창구를 줄기에서 잎으로 바꾸었다. 그 결과 식물은 폭발적 번식하여 땅을 덮었고 산소는 계속해서 대기 중에 축적되어 갔다. 이것을 소비해 줄 다른 기능을 가진 기구는 없었다. 지구는 한동안 대기 중에 증가하는 산소로 위험스러운 상황으로 가고 있었다. 탄산가스 증가라는 현존의 상황과 비슷했을 것이다. 자연은 산소의 증가를 억제할 새로운 운영체제를 가진 장치(mechanism)가 필요했다. 오랜 기다림은 지구의 진화에 가장 큰 기적 같은 변화가 생겨났다. 호기성 생물(aerobe)의 등장이다. 최초의 호기성 생물은 해면이라 주장하는 연구 결과가 최근에 발표되었다. 이 기적 같은 생명체의 발생 과정은 아직 알 수 없다.

그들(탄산가스와 산소)은 새로운 운영체제로 서로의 일을 시작하였다. 식물은 태양광을 타고 들어오는 빛의 미립자들을 받아들여 물을 분해하여 글루코스 합성의 조력자로서 수소 이온을 내부에 공급하고 밖으로는 산소를 버렸다. 호기성 생명체는 버려지는 산소를 받아들여 당을 분해하는 조력자로 활용했고 이들은 다시 식물이 요구하는 탄산가스를 제공해 주는, 이른바 탄산가스와 산소가 서로 윤해(允諧, ensemble, 프)하는 생명의 길을 연 것이다.

어느 화학 교수의 강의노트-2 탄산가스

6.2

산소의 출현

그리고 파도가 치듯 떠다니는 사물들을 네 끊임없는 사색으로 붙잡
으리라.

- 괴테

45억 6천만 년 전 지구가 생겨나고 처음 20억 년 동안은 산소의 농도
는 매우 희박했을 것으로 추정하고 있다. 왜냐하면 그때까지 대기권이
나 수권에 존재하던 산소가 얼마였는지는 알 수 없지만, 대기 중의 산
소는 우주에서 핵반응에 의해 새롭게 만들어진 양자화 된(하나하나가
따로따로 떨어져 표면적이 극대화된 상태) 원소들과 반응해 철은 산화철
(Fe_2O_3)로 알루미늄은 알루미나(Al_2O_3)로, 규소는 규사($SiO_2)_n$로 수소는
물로, 그리고 탄소는 탄산가스로 가는 안정화 과정에 모두 소모되었
고, 대부분의 다른 원소들도 산소와 결합하는 안정화 과정을 거쳐 산

화물을 형성했기 때문이다. 그 과정에서 남은 미량의 산소는 물속에 용해되어 대기와 평형을 이루고 있었다.

지구에 다시 산소가 증가하기 시작한 시기는 25억~23억 년 전이었다. 양자화된 활성 원자들에 의해서 산소가 거의 제거된 뒤, 대기권에서 산소가 다시 나타난 것은 유기물에 의한 생화학적 변화가 원인이었다. 처음에는 미세한 흔적이 강이나 바다 연안에서 나타나 그 속도가 점점 증가하여 5억 4천만 년 전후에는 대기 중의 산소 함량이 2퍼센트 정도까지 도달했고 그 농도는 계속 증가하여 성층권에서는 오존층이 생겨났으며, 지상에서는 자외선이 줄어들어 당시를 살았던 동물에게는 쾌적한 환경이 제공되었다. 그 시작은 한 생명체가 물을 분해하여 산소를 생산하면서부터였다. (6.1 참조) 그 생명체는 세포의 핵이 없는 시아노박테리아로 물을 분해하여 산소를 배출하는 최초의 생명체였다. 어떤 힘이 이 작은 생명체에게 호흡이라는 대사 과정을 심어주었는지는 알 수 없지만, 이 생명체가 지구를 푸르게 만든 최초의 생명임에는 틀림이 없다. 과학자들은 약 4억 년 전에 형성된 것으로 추정되는 탄소 덩어리 화석에도 주목하고 있다. 유기물이 땅속에 묻힌 다음 긴 단절의 세월을 지내는 동안 그들은 스스로 탄소화 과정을 거쳐 순수한 탄소의 덩어리로 성장했다. 이 집단은 산소의 농도가 대기권에서 계속 증가하던 시기의 생성물이 남긴 흔적으로 이때 형성된 이 탄소 화석은 대기 중에 산소 농도가 증가했다는 것을 증명하는 간접적 증거로 이용되고 있다. 지구에 호기성 동물은 왜 나타났을까? 누구도 쉽게 답할 수 없지만, 한 가설에 의하면, 동화(同化)작용에 있다고 한다. 대기 중에 활성 산소가 증가해 점점 쌓여가고 대지는 그것을 처리해 줄 기구(mechanism)가 필요했을 때 어떤 특별한 움직임이 대기권에서 증가하는 산소를 처리하기 위해 새로운 방법을 개발했었는지는 알 수는 없다. 그러나 산소와 탄산가스가 그들 사이를 오가는 윤회를 시작한 움직임은 기적 같은 사건이었다. 아니, 기적이라고 해도 무방할 것이다. 산소와 탄산가스는 그들 사이에서 동시에 줄어들기 시작했기 때문이다. 이 평형은 식물과 동물이 모두 참여하는 윤회(輪廻, wheel of life)의 시작이었다. 그리고 차례차례로 돌아가는 이 평형은 지금까지도 계속되고 있다.

이 평형이 유지될 수 있었던 조건은 대기 중의 탄소와 산소가 생명체를 통해 동화[76]와 이화[77]가 쉬지 않고 진행되었기 때문이다. 이는 모든 생물에 적용된 통분의 조건으로, 생명체의 어느 한 조각도 그 조건을 넘어서 살 수는 없다. 그 조건들은 긴 시간이 흐르면서 평형의 조건을 항상 만족한 상태로 유지해 주었다. 그러나 탄산가스와 산소의 비율은 생물이 지구에 출현한 이후 긴 세월을 경유해 오면서 같은 농도를 유지하지는 않았다. 그 증거는 여러 화석에 기록되어 있다. 탄산가스도 대기 중의 농도가 30퍼센트에서 거의 천분의 일까지 줄어들었다. 미량 성분으로 퇴화해 버린 탄산가스는 더 줄어들 수 있을까? 하는 우려를 하는 학자들도 있다. 그러나 이 변화의 주역은 어디까지나 녹색식물이 가지고 있다. 다윈의 종의 기원에 "변화하지 않고서는 미래가 없다"라는 지적을 우리는 기억하고 있다. 우리는 녹색 친구에게 감사해야 한다.

6.3

탄소평형

엔스 죈트겐(Jens Soentgen)은 말한다.

"우리가 지구를 구할 수 있다! 우리가 지구를 구해야 한다는 식의 말투는 공허하다. 우리는 지구를 구하지 못한다! 그리고 지금의 후유증은 약 200년간 더 이어질 것이다."

- 엔스 죈트겐(Jens Soentgen, 1967~), 아르민 렐러(Armin Reller, 1952~) 저,
유영미 옮김, 『이산화탄소』, 자연과 생태, 2015, 47쪽.

지권에 속한 탄소 대부분은 과거 탄산가스가 대기 중에 풍부하게 존재하던 시절(4억 ~1억 5천만 년 전) 어떤 이유로 땅속에 묻혀버린 생물들의 농축된 무덤 속의 화석 같은 화합물이다. 무덤에 갇혀 있던 유기물들은 수억 년의 세월이 흐르는 동안 탄소화(carbonation) 과정을 거쳐

순수한 탄소들의 집단이 되었다. 이 탄소들만의 집단 혹은 탄소 화합물들은 순수한 공유결합성 유기물이지만, 우리와는 오랫동안 단절되어 잊힌 것들이다. 그 단절의 시간은 근대까지 이어져 왔다. 그런데 산업 혁명이라는 인간의 지혜는 이들을 혁명의 현장으로 불러들였다. 진부한 시간을 언어로 규정 지을 수 없는 길고 긴 과거를 농축해 순수해진 탄소가 부활했다. 이 검은 화합물들은 하늘을 향해 다시 날고 싶었던 긴 꿈을 이루었다. 그들에게는 아직도 숲속에서 누리던 태양의 향기를 그리워하고 있다. 그 향기를 따라 퍼덕이며 날던 탄소의 꿈이 굴뚝에서 하늘을 향해 다시 날아오르고 있다. 그들이 수억 년을 바라고 바라던 꿈을 이룬 것이다. 그들은 세상에 나와 그들이 축적해 온 그들의 전 재산을 다시 버리고 가벼워진 옛날 옛적의 모습으로 퍼덕이며 하늘을 날고 있다. 거만해질 대로 거만해진 저들의 버릇은 이제 누구도 막을 수 없다. 그들은 탄소 제로라는 인간들의 지혜를 비웃듯 시간과 공간의 영역을 보란 듯이 날고 있다. 20세기에 세계적으로 평균 기온이 0.7도 상승한 것을 두고 세상은 말이 많다. 그렇지만 탄소 모델에 근거한 기후 예측은 분명하게 계산될 수가 없다. 왜냐하면 대기 중의 탄소 외에도 대기의 온도에 영향을 주는 인자들이 너무나 많기 때문이다. 결과를 예측할 수 없다면 왜 탄산가스를 표적으로 삼아 대기의 온도 상승을 논하는 것일까? 그것은 탄산가스만큼 정확한 과학적 알리바이를 가진 분자도 없기 때문이다. 여기에 더하여 탄산가스가 증가하고 있는 지금이 지구의 온도가 상승하는 주기와 겹치고 있다.(1.4 참조) 이것은 환경론자들의 알리바이를 튼튼하게 지키는 데 도움을 줄 수는 있지만, 탄소의 배출량을 감축하기 위하여 어떤 처방을 내리더라도 지구의 온도는 상승한다는 응답은 변하지 않는다. 하늘을 쳐다보며 기온의 증가를 막아야겠다는 우리의 노력은 옛날 기(杞) 나라 사람이 하늘이 무너질까 걱정했다는 고사를 닮아있다. 기우(杞憂)이다.

탄산가스를 줄이는 방법이 있다면, 현재로선 생물권이 유일한 희망이지만, 그것마저 현재는 불가능하다. 지금까지 대기 중에 남은 탄산가스를 제거하려면 지구가 가진 녹색공간이 세 배나 더 있어야 한다. 이미 지금의 여러 가지 측정된 지표만으로도 지구의 온도는 증가한다는 것은 확실하다. 이것을 막고자 하는 어떤 행위도 기우에 불과함을 알아야 한다. 긴 세월 동안 거의 일정한 농도를 유지하던 탄산가스가 증가의 조짐을 보인 기점이 18세기 중엽에 영국에서 시작된 산업 혁명과 일치하고 있음을 이미 지적한 바가 있다. 그전까지만 하더라도 대기는 0.028피피엠(ppm)이라는 기준치를 오랫동안 유지해왔다. 그러나 지금의 탄산가스의 농도는 0.038피피엠(ppm)으로 지난 100년 동안 0.01피피엠(ppm)이 증가했다. 이것은 석탄 혹은 석유를 태워 에너지를 얻고 물과 탄산가스로 변한 폐기물은 굴뚝을 통해 하늘에 버렸기 때문이라는 사실은 모두가 알고 있다. 그러나 이 미세한 증가는 얼마 전까지만 해도 크게 걱정할만한 수준은 아니었다. 왜냐하면 우선 탄소가스의 증가 속도가 느렸고, 발생한 가스는 바이오매스와 바다에서 소화할 수 있는 능력이 남아 있었기 때문이다.그러나 현재 발생하는 탄산가스는 그 양도 많지만, 증가 속도가 종전에 비해 많이 빨라졌다. 기울어진 평형이 시작되었다. 결과는 대기 중에 식물이 소화하고 남아도는 탄산가스는 하늘에 그냥 두어야 한다. 현재 매년 30기가톤 이상의 탄산가스가 대기 중에 버려지고 있다. 그 양은 해마다 조금씩 증가하고 있다. '생명의 묘약'이 이제는 하늘에 떠다니는 머리 아픈 쓰레기로 변한 것이다. 그리고 그들은 변하지 않고 원형 그대로 대기권에 남아있다.

지금 대기 중으로 버려지는 이 분자 쓰레기의 양을 조절할 수 없다면 인간은 이미 자연과 도박을 시작한 것이나 다를 바 없다. 그 도박에 승자는 인간이 아니다. 패자의 아픔은 매년 어떠한 형태로건 우리에게 찾아올 것이다. 이것이 자연을 향한 신의 섭리인지도 모른다.

처음부터 강조했지만, 탄산가스가 부정적 요인만을 가진 기체는 아니다. 탄산가스는 식물을 키웠고, 지구의 온도를 조절해 주었고, 물속에서는 동물의 골격을 만드는 과정에 참여해 왔다. 물속에서는 조개 그리고 지상에서는 달팽이 같은 생물들의 외골격 형성에도 참여하고 있다. 생명체가 요구하는 중요한 소재가 모두 탄산가스의 참여로 이루어진 것들이다. 이쯤 되면 탄산가스는 탄소를 산화시켜 에너지를 얻고 버려지는 연소의 부산물이 아니라 생명을 위한 생명의 묘약이라 할 수 있다. 산소의 농도가 대기권에서 증가하던 시기인 25억 년부터 4억 년 전 사이의 산소 농도는 지구의 화학적 및 생물학적 과정에서 중요한 역할을 해왔다. 그때부터 시작되었던 탄소 평형은 수억 년을 지나오며 기울기도 하고 회복되기도 하는 평범한 과정을 거치며 오늘에 이르렀다. 지금 이 기울어진 평형은 언젠가는 회복되겠지만, 빠른 회복을 우리는 간절히 바라고 있다.

6.4

탄산가스의 순기능

"지구 전체의 탄소를 공처럼 뭉쳐놓는다면 그 지름은 2,000킬로미터 정도 되는 별의 크기가 된다." 이것을 달의 지름(3,500킬로미터)과 비교하면 지구가 가진 탄소의 양을 짐작할 수 있다.[78]

탄산가스는 매우 안정된 기체로 지각을 이루는 무기물과는 쉽게 반응하지 않아 지구가 아직 뜨거웠던 시기에도 거의 30퍼센트나 되는 대기의 구성 성분으로 남아있었다. 하트무트 싸이프리드(Hartmut Seyfried, 1947~, 독일)[79]는 지구에 아직 인간이 살지 않았던 지질 시대에 탄산가스가 어떤 일을 하였는지를 연구한 지질학자다. 그는 지금 문제되는 환경의 부정적 영향보다 '탄산가스가 어떻게 지구에서 유용하게 사용되었는지'라는 주제에 접근하여 많은 흥미로운 결과를 도출해냈다. 그는 먼저 탄산가스는 지구가 얼음 행성으로 가는 것을 막아주는 역할을 했다고 주장하고 있다. 그의 주장은 원시 우주는 지금처럼 발달하지 못해 태양은 지금처럼 뜨겁지 않았다고 주장하고 있다. 그는 우선 여러 가지 연구 결과를 종합하고 분석해보면 그 당시의 태양 에너지는 지금의 약 70퍼센트 정도에 불과해 온실 효과는 지금보다 훨씬 적었을 것으로 추정하고 있다. 역설적이지만 그는 "지구를 감싸고 있던 탄산가스가 지구에서 우주로 향하는 복사열을 막아주지 못했다면 (온실 효과를 만들어 주지 않았다면) 물은 얼고 바다도 얼어 생물이 발생할 가능성은 없었을 것"이라는 주장을 펴고 있다. 원시 지구에서 정상적인 온실 효과에 놓인 상태에서도 원시 생명체가 나타나기까지는 10억 년의 시간이 필요했다. 그 긴 기다림 동안은 탄산가스가 제공했던 온난화가 지구에서 생명이 탄생하고 살아갈 수 있는 적당한 온도를 만들어 주었으며 그 온도를 오랫동안 지속하게 해줌으로써 지구에 생명이 살아갈 환경을 조성하는데 초석이 되었다고 주장하고 있다. 우주가 팽창하면서 태양 에너지의 지구 유입이 증가해 대기의 온도는 서서히 상승했지만, 호기성 생명체의 탄생으로 탄산가스가 점차 줄어들어 지구 온난화로 발생할 수 있는 대기의 온도 상승을 막아주었다. 그리고 산소의 출현은 오존층을 형성해 태양 에너지의 지구 유입을 어느 정도 차단해 주었으며 그 아래 사는 동물들에게는 쾌적한 환경이 제공되었을 것으로 보고 있다. 원시 지구에서 발생했던 여러 현상을 종합하여 설명하는 것은 쉽지 않지만, 탄산가스의 감소와 산소의 증가, 즉 하나가 필요하면 다른 하나를 만드는 자연의 섭리가 그저 놀라울 뿐이다. 그렇다면 대기 중의 탄소 농도가 줄어들지 않고 30퍼센트가 계속

유지되었을 경우 지구는 어떻게 되었을까? 태양 에너지는 우주의 팽창과 함께 점점 지구의 온도를 상승시켰을 것이고 그와 함께한 온실 효과로 상승한 지구의 온도는 물을 기화시켜 그때까지 지구에서 살아온 모든 생명체는 사라졌을 것이다. 탄산가스가 감소함으로 이러한 온실 효과로 인한 상황은 일어나지 않았고, 생명은 살아남았다. 이것이 푸른 지구의 시작이라고 싸이프리드는 주장하고 있다. 24억 년 전에 연안 바다의 해조류에서 시작된 광합성으로 대기 중의 탄산가스는 서서히 감소했으며 연안 해안가의 유기물에서 발생한 활성 산소는 강한 반응성으로 다른 분자와 쉽게 결합하여 새로운 분자들의 탄생을 유도했다. 그중에서도 산소의 강력한 반응성은 핵이 있는 세포를 탄생시켰으며 이들로 구성된 생명체는 유기물을 산화시켜 필요한 에너지를 얻을 수 있는 새로운 기능을 가지게 되었다. 이 사건은 지구를 생명이 살아 있는 푸른 땅으로 인도하는 첫 신호로 이 모든 작용은 작은 에너지 기계들에 의해 일어난 기적 같은 사건이었다. 그때부터 탄수화물의 산화를 통한 순환 과정은 영원히 끝나지 않는 자연의 가장 위대한 질서로 남게 되었다.

그런데도 탄산가스는 환경 문제에만 노출되면 어려워진다. 탄산가스를 기후의 파괴자로 낙인찍은 것이 언제부터인지는 모르지만, 일부는 탄산가스를 인간의 삶에 해악을 주는 물질로, 혹은 지상에 존재해서는 안 되는 모순덩어리로 취급하기도 한다. 그러나 바이오매스에서는 모든 생명체에 에너지 공급을 위해 가장 중요한 물질이 바로 탄산가스라는 것은, 위에서도 여러 번 강조하였다. 탄산가스는 우리의 날숨 호흡에도 4퍼센트나 포함된 물질이다. 때로는 우리와 가깝게 있는 맥주나 포도주 그리고 청량음료 속에서도 0.05퍼센트의 용량이 허용되어 있다. 만약 식물이 대기 중에 미량 성분으로 존재하는 탄소를 받아들이지 못하면 모든 식물의 성장은 멈추고 농업은 정지되어 버릴 것이다. 공기 중의 탄산가스는 지상의 온도를 쾌적하고 안락한 수준으로 유지해주는 순기능도 가지고 있다는 것이 싸이프리드의 주장이라는 것을 위에서 밝혔다. 그는 공기 중의 탄산가스가 제공하는 온난화 효과가 없다면 지구의 평균 온도가 지금보다 약18도 정도 더 낮아질 것으로 예측하였다. 지구의 평균 온도가 지금보다 18도 더 낮아진다면 지구는 얼음 왕국이 되었을지도 모른다. 얼음이 녹지 않고 지구의 표면을 덮고 있다면 낮은 증기압으로 인해 수증기의 발생은 없었을 것이고 비나 눈이 하늘을 가리는 일은 상상 속의 풍경에 불가했을 것이다. 만약 지구환경이 그 상태였다면 지구 대부분은 메마른 사막이 되었을지도 모른다. 탄산가스가 전하는 메시지는 이렇게 양면성을 가지고 있다. 따라서 그에 대한 고찰은 다양한 방향에서 접근되어야 한다고 싸이프리드는 주장하고 있다.

지구의 온도 상승이 탄산가스에 의한 온실 효과라고 보는 견해는 기후 변화의 원인을 연구하는 학자들에게는 여러 가지 원인 중에 포함된 하나의 부분에 불과하다. 그런데도 그것이 확대되어 다루어지고 있는 것이 현존의 문제이다. 그들이 검토하여 밝혀낸 결과를 보면 지난 40만 년 동안에 지구는 빙하기(glacial age)와 다음 빙하기 사이에 있는 비교적 온아한 간빙기(interglacial epoch)를 주기적으로 반복해 왔다는 사실이다. 이것은 남극 얼음의 기록을 들여다본 연구진에 의해 밝혀진 결과다. 그 연구 결과에 의하면 지금은 '기온이 올라가는 간빙기'에 머물러 있다고 한다. 따라서 현재의 지구 온도의 상승은 지구가 가지고 있는 주기설에 기반을 둔 현상이라고 할 수 있다. 그러나 불행하게도 탄산가스의 증가가 겹치는 이 시기가 위대한 생명의 기체를 지구를 파괴하는 범인으로 몰아가는 알리바이와 일치한 꼴이 되고 말았다. 따라서 온실가스 효과와 주기설의 상관관계가 기후의 변화에 어떤 영향을 미치는지에 대해 고찰이 더 필요해 보인다. 극지방의 얼음을 통한 연구에서 바닷물 속의 변화를 보면, 대기 중의 탄산가스가 증가하면 물속 탄산가스의 양도 증가했다는 증거가 발견되었다. 현재 바닷물의 탄산가스는 대기 중 탄산가스의 농도에 비해 약 50배(1.9 피피엠(ppm))나 된다. 이것은 바다가 거대한 탄산가스의 저장고의 역할을 하고 있다는 증거가 된다. 현재 해수 중의 탄산가스는 대기 중의 기체와 평형에 있다. 이 평형에서 온도가 상승하면 대기 중의 탄산가스가 증가한다. 이 또한 온난화에 영향을 미치는 인자 중의 하나로로 작용하고 있다. 온도 상승에 따르는 탄산가스의 변화는 μCO_2(대기) = κCO_2(해수)를 유지하고 있으며 서로 밀접하게 연결되어 있다(μ와 κ는 평형상수). 여기에 적용된 평형 상수는 온도의 함수이다. 따라서 해수의 온도가 높아지면 대기 중의 탄산가스가 증가하고 낮아지면 해수에 더 많이 저장된다. 화석 연료에 의해 인간이 제공한 탄산가스의 증가는 화석 연료가 다 할 때까지 계속될 것이다. 그 기간을 약 200년으로 보는 견해를 가진 학자들도 있다. 원시 지구에서 탄산가스가 현재의 농도까지 감소하는 데는 수억 년의 시간이 필요했다. 만약 그 변화가 정지하지 않고 계속된다면, 장기적으로 보면 탄산가스의 부족으로 생명이 멸망될 것이라는 역설적 주장도 있다. 탄산가스의 부족으로 지구의 환경이 교란되어 생명체를 위협한다면 먼저 식물이 사라지고 서서히 지구의 모든 생명이 사라지는 실질적인 종말에 이르게 될 것이다. 그러나 거기까지는 우주의 시간으로도 한참이나 더 걸리지 않을까?

탄산가스가 증가하는 것에 생각이 꽂히다 보니 학자들은 다시 엉뚱한 생각을 하는 모양이다. 그 엉뚱한 생각이 대기 중의 탄소의 양을 줄일 수 있는 엉뚱한 방법의 개발로 이어졌다는 소식을 기다리며.

6.5

동적평형과 생명

후쿠오카 신이치(ふくおかしんいち, 1959~, 일본)는 그의 저서 『생물과
무생물 사이』에서 생명을 '동적평형 상태에 있는 하나의 흐름'이라 정
의하였다.[80]

탄산가스는 대기권과 수권과 지권에 고루고루 퍼져 있는 매우 흔한
물질이다. 지권에 존재하는 탄산가스는 먼 과거 바위 속의 금속 이온과
반응하여 생겨난 탄산염이거나 퇴적된 탄산염의 하얀 가루가 굳어 바
위가 된 것들이다. 현재는 그 반응 속도가 너무 느려 관측할 수 없지만
40억 년이라는 우주의 시간이 흐르는 동안 대기권과 수권을 오가던 탄
소는 돌 속에 갇혀 탄산염을 만들기도 하고 바이오매스를 통해 동식물
의 구성 요소가 되기도 했다. 지권에 잡혀있는 탄산가스는 무려 3천만
~1억 기가 톤이나 된다. 그뿐 아니다. 수권에도 4만 기가 톤이 녹아 있

다. 바이오매스(생물권)에 잡혀있는 것도 500~600기가톤 정도이다. 760 기가톤의 탄산가스는 지금도 대기권에 기체 상태로 존재하고 있다.[81]

대기 중의 탄산가스가 차지하는 물리량은 대기를 구성하는 여러 기체 중에 구성비가 0.038퍼센트로 미량성분에 해당한다. 광합성에 의해서 생물권에 저장되고 있는 양은 매년 60기가톤 정도이다. 전체 탄소량에 비하면 적은 양이지만 대기를 구성하는 탄산가스의 구성비는 식물과 동물 사이를 오가던 대기 중의 탄소의 농도를 일정하게 유지하는 역할을 하고 있다. 이 과정에 제공되는 탄산가스는 짧은 순환 주기로 기체와 바이오매스를 오가고 있다. 이 순환 과정은 과거가 바로 미래로 이어지는 순간 반응에 속해있다. 나노 순간에 이루어지는 이 반응은 분리할 수 없는 찰나에 이루어져 현존하지 않는다. 만유인력의 지배에서 곧바로 양자의 세상으로 진입하는 과정에 놓여있기 때문이다. 그렇다면 탄산가스와 바이오매스를 오가는 체제에 담긴 탄소 원자에게 시간이란 무엇인가? 측정할 수 없는 찰나에 불가하다. 대기권과 생물권을 오가는 자연의 단절 없는 행객(行客). 그것이 그들의 운명이라면 과거는 바로 미래가 된다.

생명은 만물의 활동이 서로 관계를 형성하며 끊임없이 변화하는 흐름이다. 그 변화는 소중하고 신비하며 거룩하고 또 아름답다. 이 관계 속의 존재들은 서로에게 아름다웠던 과거를 이야기하지 않는다. 그렇지만 살아있는 모든 것의 마지막은 탄산가스가 되어 그들의 고향으로 다시 돌아가는 것이다. 28억 개의 원소로 구성되었다는 인간의 육신도 그러하다. 그 안에 감춰진 사랑과 전쟁 그리고 아랑(阿郞)과 미움도 모두 한순간에 함께 사라진다. 모든 것은 작디작은 탄산가스에서 왔다.

6.6

나노 기술

나노 기술은 놀랄만한 것이지만 인간보다 먼저 자연은 이 기술을 사용하고 있었다.

나노는 길이의 단위이다. 이 길이의 단위가 어떻게 첨단 기술에 적용되어 나노 제품이라는 새로움을 생산할 수 있느냐? 라는 질문의 대답은 간단하다. 산업 혁명 후 과학자들은 모든 현상들을 그대로 두고 관찰하고 연구했다기보다는 쪼개고 나누어 거기에서 나온 작은 결과물들을 종합하여 하나의 결론을 유도해 가는 분해 기술을 발전시켰다. 나노 기술은 큰 산을 부수어 돌멩이를 만들고 다시 모래를 만들어 그것을 들여다보고 큰 산의 이미지를 창출해 내는 방법을 이용하여 발전시킨 기술이다. 특히 화학 분야에서 원자를 연구하던 과학자들이 2천 5백 년 전부터 내려오던 원자론의 연구에 적용했던 방법이 대표적이다. 돌턴은 '원자는 더 이상 작은 입자로 쪼갤 수 없다'는 오래된 사변적 진리를 실험을 통해 증명함으로써 원자의 연구에서 한 획을 그은 위대한 과학자이다. 그의 연구도 이 새로움을 분해 기술을 이용하여 역사적 업적을 이룩했다. 그 후 톰슨은 원자를 쪼개어 전자와 다른 핵 종이 원자를 구성한다는 것을 밝힘으로써 원자는 더 이상 깨어질 수 없다는 2천 년이 넘게 내려온 진리를 넘어서는 새로운 원자의 세상을 열었다. 러더포드는 톰슨에 의해서 제시된 원자의 무게 중심이 핵이라는 작은 입자를 쪼개기 기술로 발견해냄으로 원자는 핵과 전자라는 아원자(subatom)들로 구성되어 있음을 밝히게 되었다. 뒤이어, 보어는 핵이 삼차원 공간 궤도의 정중앙에 있고 그 주위에는 양자화된 에너지 준위를 따라 도는 전자가 있는 모형으로 발전시켰다. (1.2 참조)

보어의 원자 모형은 위대한 과학자 슈뢰딩거에 의해서 대폭 수정되어 현대 물리의 바탕을 이루었지만, 그 후에도 원자는 다시 쿼크로 분해되고 다시 다른 물리적 현상으로 분해를 계속하며 과학이 넘어야 할 강을 건너고 있다. 그리고 과학은 그 강의 건너편에서 무엇인가를 찾아 헤매고 있다. 현재도 그 분해 과정은 다시 분화하여 끝없이 이어지는 원자론이 전개해 가는 방향을 따라가고 있다. 분해 기술로 무장한 과학자들은 원자의 쪼개기 도전은 멈추지 않을 것이다.

그런데 이렇게 나누고 분해해서 과학자들이 얻은 것은 과연 무엇이었을까? 자연은 거시적인 것과 미시적 물질로 존재하며 거시적인 것은 뉴턴의 운동 법칙을 따르지만, 후자(미시적인 것)는 양자역학이라는 새로운 힘으로 운영되고 있는 자연의 체계가 있음을 새롭게 밝힌 것이 전부였다. 이 두 체제에 적용되는 힘은 그 운영체계가 달라 서로 같이 할 수 없다는 결론도 내렸다. 이렇게 물질을 나누고 또 나누어 도달한 끝은 또 나눔을 기다리는 새로운 현존의 확인이 전부였다. 그리고 그들에 의해 발견된 입자는 베일 뒤로 숨어드는 수줍음 많은 소녀처럼 쉽게 볼 수도 없어 과학자들을 애태우는 존재였다. 그 수줍음 많은 소녀 같은 입자를 들여다보는 유일한 방법은 실수와 허수로 구성된 복소수 방정식으로 과학자들이 개발한 유일한 투시경 같은 것이다. 그 소녀는 과학자들이 방정식을 힘들게 풀어 해답을 제시할 때만 잠시 모습을 나타내는 가슴 조이는 시간이 지배하는 미립자였다. 그렇다면 '그 입자가 가지는 의미는 무엇인가?'하는 과학자들의 질문에 그들은 스스로 답해야 했다. 그들은 이 미립자의 조각들을 다시 모으기 시작했다. 과학자들은 양자를 역학적 측정이 가능한 한계까지 입자들을 키웠다. 그렇게 성장한 그 입자들의 덩어리는 양자역학이 운영할 수 있는 가장 큰 입자가 되었다. 이 입자는 나노미터의 크기를 가지고 있는 양자의 덩어리로 양자역학의 지배 아래에 있지만, 만유인력의 세상에 얼굴을 내밀 수 있는 뻔뻔한 미립자이다. '거시적 양자 덩어리(macroscopic quantum mass)', 이것이 나노 물질이다. 이 양자 덩어리는 양자역학의 지배를 받으면서 만유인력의 세상에 얼굴을 내미는 물질계에 나타난 신데렐라 같은 새로움이다. 나노 물질은 공학이 만든 이 세상 어떤 것에도 없던 새로움이다. 빛과 색으로 나타내는 그들에게는 미학적 허세로 꾸민 아름다움 같은 것은 없다. 나노 물질은 보탬도 뺌도 없는 그대로의 아름다움일뿐이다. 이 새로운 거시적 양자 덩어리는 만유인력과 양자역학이 겹치는 영역에 존재하고 있다. 물질계는 나노라 이름 지어 세상에 내보낸 신소재를 두고 꿈에 부풀어 있다. 왜 나노 물질이 꿈의 소재가 되는 것일까? 지금까지 우리가 접해온 모든 물질은 모두 연속 세상의 것이다. 즉 지구 중력 아래에 있는 만유인력의 영양권의 것들이다. 그 세상에 '불연속적 소재'의 탄생이라는 상상을 초월한 새로운 물질의 등장은 지금까지와는 다른 세상으로 우리를 인도하고 있다. 만유인력의 세상에 등장한 양자 물질은 산업 혁명의 전환보다 더 큰 변화를 가져올 것이다. 그런데 인간보다 먼저 자연은 수도 없이 많은 나노 기계들을 운용하며 살고 있다. 먼저 탄산가스를 식물의 혈관으로 불러들이는 광합성은 나노 크기(size)의 영역에서 나노 시간(time)대에 이루어지는 나노 반응(reaction)에 속하는 과정이다. 세포 속에는 환경에 따른 변화도, 살아남기 위한 생존에도 나노 반응이 대부분이고 동식물이 행하는 외부 변화에 따른 대응 반응도 나노 기술임을 우리는 이미 알고 있다.

이 나노 반응은 반응 속도로 지배되는 열화학 반응과는 근본적으로 다른 세상의 현존이다. 식물이 행하는 이 화학 반응을 물리의 법칙으로는 설명할 수 있을까? 명확하지는 않지만, 이 질문에 답하기는 매우 어렵다. 슈뢰딩거의 양자역학은 하나의 양성자와 하나의 전자에 기초하고 있다. 자연계를 가장 간단한 구조와 에너지를 가진 수소를 제어하는 방법으로 들여다본 것이다. 그러나 생물은 많은 원자로 구성된 움직이는 생명체이다. 생명은 정확한 규칙성과 질서에 의해서 움직이고 있지만, 다원자로 구성된 생물을 하나의 전자를 움직이는 양자역학의 개념으로 접근할 수는 없다. 따라서 오늘 정원에 피어있는 장미를 내년 이때쯤 다시 볼 수 있다는 기대를 물리적 방법으로만 설명한다는 것은 현재로선 불가능하다. 자연을 지배하는 힘에는 우리가 아직 모르는 수많은 수학적 질서가 장미의 꽃 피는 시기와 방법을 풀이해 줄 것이기 때문이다. 이것은 안개 속으로 숨어들어 가던 수줍은 처녀의 치마폭에 가려진 양자만으로는 설명할 수가 없다는 의미이다. 거기엔 수소 하나의 움직임을 설명하는 단순함을 넘어 생고분자를 들여다 볼 수 있는 수학적 방법이 필요하다.

아마도 그것은 역사 속으로 사라진 삼천 궁녀들의 슬픈 사연을 수학으로 풀이할 수 있다면 가능하지 않을까? 원자론이 수소 하나의 모습과 에너지를 계산하는 데는 2천 5백 년이나 기다렸다. 긴 기다림이 우리 앞에 와 있다.

6.7

나노 여인은 뚱뚱했네

온갖 재주를 다 가진 나노 여인은 뚱뚱했다. 50대 여인의 노련함과 뻔뻔함이 몸에 밴 나노 여인은 뉴턴의 명령과 슈뢰딩거의 기교를 동시에 수용하는 베테랑 여배우가 되었다.

그러면 나노(nano)란 무엇인가? 나노는 그저 1백만분의 1미터라는 길이의 단위일 뿐이다. 왜 이 길이의 단위가 물리학자와 화학자들의 관심 속에서 "너도 나노 나도 나노(니나노~!)"하며 모든 분야에 빠르게 스며들고 있을까? 나노에 관심이 적은 일반인에게는 별다른 일이 아니겠지만 과학자와 기술자들에게는 새로운 원자론의 탄생에 버금가는 큰 변화가 여기에 있기 때문이다. 만유인력의 법칙이 발표되던 1687년(아이작 뉴턴; 프린키피아[82]; Principia)부터 슈뢰딩거의 방정식이 나타나기 (1933년 노벨물리학상) 전까지 약 250년은 적어도 과학이 접하고 있던 모든 사물은 거시적이었다. 우리의 눈으로 확인할 수 있고 대수적 방법으로 기록하고 설명할 수 있는 것들이 대부분이었다. 그리고 그 모든 움직임은 위대한 과학자 뉴턴에 의해 인류의 역사에서 가장 위대한 보고서로 불리는 『프린키피아(Principia)』에 수학적 방법으로 기록되어 있다.

그러나 양자역학으로 설명되는 사물은 우리의 눈으로 접할 수 없다. 그것은 허수가 포함된 수학에 의해서만 설명되고 가상의 공간(시간이 포함된 공간)에서만 볼 수 있는 허(虛)한 세상의 것들이다. 앞에서 언급한 것처럼 과학자들은 양자가 발견될 때까지 사물을 쪼개고 또 쪼개는 반복되는 일을 계속하였다. (6.6 참조) 이 분해법은 과학자들이 가장 좋아하는 연구 방법으로 지금은 모든 학문계에서도 사용하는 우수한 연구법이다. 그런데 물질을 쪼개고 쪼개어 얻어낸 결과는 정말로 참담했다. 눈으로 볼 수도 만질 수도 없는 작은 알갱이. 그것이 그들이 생명을 바쳐 가며 찾은 결과였다.

그리고 그 알갱이는 베일 속에 자신을 감추며 보일 듯 말 듯 한 모습으로 그들 앞에 와 있었다. 그 어지럽고 혼곤하고 아리송한 알갱이(사랑하는 여인)는 과학자들의 마음을 아는지 모르는지 베일 뒤로 사라졌다가 다시 안개 속에서 어렴풋하게 얼굴을 내밀어 유혹의 신호를 보내고는 다시 사라지는 애태우는 존재였다. 그 얄미운 모습을 과학자들은 고개를 길게 빼고 먹이를 노려보는 왜가리처럼 긴 기다림으로 그녀에게 접근하고 또 달래는 반복된 시도가 계속되었다. 그런데도 잡히지 않는 긴 기다림의 허상은 물리적 위치에 좀처럼 다가오지 않았다. 그

애타고 허한 기다림은 슈뢰딩거로부터 시작하여 거의 30년 동안이나 계속되었다. 이 안타깝고, 해독되지 않는 과학자들의 이야기를 김훈 선생은 사랑이라 불렀다.

　모든, 만져지지 않는 것들과 불리지 않는 것들을 사랑이라 부른다. 모든, 건널 수 없는 것들과 모든, 다가오지 않는 것들을 기어이 사랑이라 부른다.

- 김훈, 라면을 끓이며, 2015, 문학동네

　과학자들이 사랑이라 부르는 여인은 보일 듯 말 듯 한 모습으로 어렴풋하게 얼굴을 내밀어 주던 세요(細腰)에 목이 긴 미학적 소녀였다. 그러나 그들 사이에는 양자의 강이 흐르고 있어 접근할 수조차 없었다. 그러나 과학자들은 아랑곳하지 않고 이 얄밉고 다가갈 수도 없고 다가오지도 않는 허리가 가늘고 심미학적 소녀를 사랑했다. 그리고 과학자들의 머릿속은 온통 그녀에 대해 기다림뿐이었다. 과학자들은 꿈속에서조차도 만질 수도 볼 수도 없던 그녀를 그리워하며 할 수 있는 모든 일에 평생을 바쳤다. 사랑은 미립자 속으로 빠져버렸다. "모가지를 길게뺀 슬픈 과학자들이여!" 그러나 끝내 응답이 없는 기다림은 계속되었고 그들은 볼 수도 만질 수도 없는 허상으로부터 빠져나와야 했다. 그들은 그녀에 대한 사랑법을 바꾸었다. 드디어 30년의 기다림에서 그들은 벗어났다. 사랑이라 부르며 뒤쫓던 소녀로부터 과학자들은 깨어나 현명해져야 했다. 그들은 자신도 모르는 혼곤하고 아리송한 기다림에서 깨어나고 있었다. 시인 에이츠가 끝내 헤어나지 못했던 모드 곤을 향한 짝사랑 같은 구렁에서 빠져나와 자신이 조각한 여인상 갈라테아(Galatea)에 깊은 사랑에 빠진 피그말리온(Pygmalion) 처럼, 용기 있게 사랑법을 바꾼 것이다. 과학자들은 그들이 여태까지 해오던 사랑법의 역방향을 택했다. 그들은 그들이 부수고 부수어 만든 작은 알갱이들을 다시 모아 몸매를 키우기 시작했다. 그리고 건널 수도 없고 다가오지도 않던, 기어이 사랑이라 부르던, 그녀로부터 해방되었다. 30년을 기다렸던 어느 날 그들 앞에 그녀가 나타났다. 사랑이라 부르던 그 소녀는 드디어 30년의 세월을 뒤로하고 그들 앞에 온전한 모습으로 나타났다. 이제는 복소수 방정식 속의 허상이 아니다. 과학자가 사랑했던 그 여인은 50대 중년의 모습으로 변해있었다. 그녀에게도 시공을 초월할 만한 기술은 없었던 모양이다. 그녀는 이제 움직임도 둔해지고 몸매를 가려줄 만한 베일도 없다. 이제 과학자들이 사랑하던 여인은 소녀 시절보다 100배나 더 무거워진 뚱보가 되어버렸다. 보일 듯 말 듯 애태우던 봄 처녀는 이제 색과 빛으로 변해 버린 나노 아줌마가 되어 중년의 뜰을 느린 터벅거림으로 오고 있다. 또 다른 유혹의 시작일까? 과학자들은 다시 혼곤한 머리를 감싸고 긴장하기 시작하였다. 그러나 이 뚱뚱한 중년 여인의 모습이 그들 앞에 뚜렷해지자 과학자들은 쾌재를 불렀다. 그리고 외쳤다. "하느님은 정말로 공정하십니다."

그녀에게는 이제는 베일로 숨어드는 30년 전 커튼 뒤로 숨어들던 순발력도 사라져 버렸다. 이 뚱보 여인은 과학자들의 명령을 드디어 고분

고분 따르기 시작했다. 중년의 여인은 이제 온갖 재주를 다 가졌지만 뚱뚱하고 볼품없는 중년의 여배우일 뿐이다. 이렇게 탄생한 나노 크기 여인은 거시적이면서도 양자성을 모두 가지고 있다. 이제는 뚜렷하게 눈에 보이는 양자 아줌마(madam quantum), 이것이 거시 세상에 빛과 색으로 온 나노이다.

그녀는 온갖 재주를 다 가진 베테랑 여배우로 변했지만, 이제는 숨지 않는다. 아니 이제는 숨을 수 없다. 뚱뚱해져 20대의 순발력을 잃었기 때문이다. 그녀는 이제 두 세상의 중간 쯤에 서서 뉴턴의 명령과 슈뢰딩거의 기교를 동시에 따라야 한다. 왜냐하면 전처럼 그녀는 빠르게 안개 너머로 사라질 수가 없기 때문이다. 아니면 그녀는 뱀처럼 간사한 뻔뻔함과 노련함으로 과학자들의 명령을 또 시험하고 있는지도 모른다. 이 양다리를 걸친 나노 여인은 여전히 양자 세상에 현주소를 두고 있다. 양자의 지배를 받지만, 만유인력의 세상에서는 얼굴만 내보이는 뻔뻔하고 배짱 좋은 중년의 여배우 '나노 여인'의 노련함이 과학자들에게 보내준 사랑했던 뚱보 천사, madam nano의 마지막 선물이다. 그녀가 뚱보(fatty)가 되어 과학자들은 행복하다.

그렇다면 이제 무엇이 나노 물질을 쳐다보는 과학자들을 그렇게 열광케 하는가? 여기에는 아주 간단한 사실이 숨어있다. 예컨대 은 나노(silver nano particle)와 일반적인 물질로서 은(silver particle)을 비교해보자. 이 둘은 판이한 다름이 있다. 은 나노는 양자역학의 지배를 받는 동시에 만류 인력의 세상에서 요리사의 입맛대로 조리를 할 수 있는 양자 아줌마(madam quantum)이다. 그 맛은 여태까지 보지 못했던 매혹적인 양자 세상의 새로운 맛이다. 지금까지 감추어져 있던 새롭고 신기한 맛에 세상은 빠져들고 있다. 그에 반해 금속 은(silver)은 만류인력의 법칙만 따르는 물질로 요리사의 실력이 아무리 좋아도 세상을 바꿀만한 새로운 맛을 창조하지는 못한다.

이 세상에서 나노라는 새로운 물질의 변화는 우리가 상상할 수 없는 많은 분야에 적용되어 통용되고 있다. 그 결과는 우리의 생활을 지금과 차원이 다른 세상으로 유도해 가고 있다. 인류의 생활방식이 한 단계 업그레이드되고 있다. 석기 시대에서 철기 시대의 변화가 그러하지 않았을까?

6.8

나노 오염

나노 폐기물의 처리는 나노 제품의 생산에 버금갈 정도로 중요하며 그 처리를 위한 설계가 필요하다.

나노 화합물의 화려한 등장의 뒤편에도 그늘은 있다. 바로 나노 쓰레기에 관한 문제다. 나노에 관한 연구가 짧은 기간에 폭발적으로 증가해 미처 그 부작용에 대해서는 아직 별다른 견해가 없는 것 같지만, 나노 쓰레기의 오염을 방치하는 것은 분명히 일반쓰레기의 오염보다 더 심각한 문제가 발생할 수도 있다. 플라스틱의 조각 같은 나노 입자가 내 혈관을 타고 흐른다면 어쩌겠는가? 공장에서 만들어진 나노 입자를 우리의 환경에서 제거하는 방법은 그리 쉬운 문제가 아니다.그 피해를 상상해 보면, 첫째는 나노 제품의 생산 과정에서 버려지는 나노 폐기물에 대한 것이다. 나노 폐기물 처리에 관한 기술적 연구는 아직은 초보적 단계 혹은 거의 이루어지지 않고 있다. 이런 문제를 제기하는 것은 나노 제품의 부정적인 측면을 부각하여 나노 세상의 부정적 일면을 보여주기 위한 것은 결코 아니다. 나노 물질이 이룩한 세상은 이미 화려하게 우리 앞에 와 있다. 그 성장은 이제 누구도 막을 수 없는 흐름이다. 그러나 그 생산 과정에서 발생하는 부산물들의 처리를 소홀히 한다면 나노 쓰레기 문제는 지난 세기말 잠재적 위험성에 대한 논란만 있다가 제품이 사용된 지 약 20년이 지난 뒤에서야 위험성이 대두되면서 크게 문제가 된 석면 문제보다 더 무서운 재앙으로 나타날수도 있다. 나노 물질의 생산량은 전 세계적으로 화장품 한 품목만 보더라도 2020년에 104~105톤으로 예측된다. 특히 정보 통신 분야에 사용되는 나노 물질은 10년에 10배씩 증가할 것으로 보고 있다. 우리나라에서도 공식적인 발표는 없지만, 현재 약 120종 정도의 나노 소비재가 생산되고 있으며 그 양은 연간 9천 톤 정도라 한다. 이 생산량은 현재의 추세라면 기하급수적 증가는 불을 보듯 한 일이다. 나노 쓰레기의 노출원은 이를 생산하는 작업장과 소비자 둘이 다 될 수도 있다. 특히 나노 물질의 작업장에서는 순도를 높이기 위해 생산량의 90퍼센트는 폐기되고 약 10퍼센트 정도만 상품화하는 경우가 대부분이다. 이때 나오는 나노 쓰레기는 매몰 처리되지만, 나노 물질은 화학 물질과 달리 폐기물에 관한 적절한 처리 규정이 현재는 없다. 10톤의 나노 물질이 생산되면 1백 톤의 나노 쓰레기가 공장에서 생산된다고 볼 수 있어 관심과 연구가 더 필요하다.

둘째로 생산 공장에서 발생하는 나노 쓰레기는 그런대로 통제할 수 있지만 상품화된 나노 물질이 포함된 제품의 사용기간이 지난 다음 폐기되었을 때 발생하는 피해에 대해서는 더 큰 문제가 발생할 수도 있다. 오늘의 나노 생산품은 내일의 나노 쓰레기가 되어 세상을 오염시킬 수 있다. 현재로서는 문제 될만한 정도는 아니다. 그러나 나노 물질의 사용량은 폭발적으로 증가할 것이고 언젠가는 이런 문제가 대두될 것이다.

나노 기술의 긍정적 평가도 중요하지만, 부정적인 면도 간과해서는 안 되는 중요한 요소임을 잊지 말아야 한다. 나노 폐기물에 대한 책임 있는 관리와 그 처리에 대한 새로운 설계가 제시할 때가 되었다.

6.9

본향으로 가는 길

존재는 영원하다. 왜냐하면 존재에 내재하는 법칙들은 우주가 아름다
움을 드러내는 생명이라는 보물을 보존하려고 하기 때문이다.

- 괴테

얼마 전까지만 해도 과학자들은 유기물로 가득하여 끈적거리는 원
시 바닷가 해안을 생명이 탄생한 어머니의 자궁 같은 곳으로 여겼다.
그 배경에는 1953년 발표된 밀러의 아미노산 실험이 있다. 그는 실험을
통해 지구에서 생명이 처음 태어난 곳을 원시 바다의 연안이라고 주장
했기 때문이다. 그가 그렇게 할 수 있었던 것은, 원시 지구 환경과 같
은 조건에서 행한 유기물 생성 실험에서 생명체의 구성에 필수적인 아
미노산이 확인되었기 때문이다. 그 결과 그는 우주에서 쏟아져 들어오

던 강력한 태양 에너지와 번개와 같은 고전압에 의해 질소가 분해되어 물과 탄산과 같은 무기물과 반응하여 수많은 질소 화합물이 합성되는 연안 바다를 생명의 고향으로 지목하였다. 연안에 축적된 화합물 중에 간간이 아미노산이 만들어지면서 그 속에서 '어떤 작용'으로 생명이 탄생했다는 증거의 발견이 그의 다음 목표였다. 그러나 수많은 과학자에 의해 시행되었던 아미노산의 생성 실험에서 지금까지도 '밀러의 그 어떤 작용'은 설명되지 못한 채 남아있다.[83]

그런가 하면 박테리아를 연구하던 학자들은 생명체의 고향으로 유력하게 추정되는 장소가 뜨거운 물이 나오는 해저 온천이라는 견해를 제시하고 있다. 우주에서 생명체가 날아왔다는 주장도 있다. 여기서 제시하는 몇 가지 주장들을 요약하면 생명의 고향은 따뜻한 죽(粥)과 심해 열수구(해저 온천), 그리고 외계에서 유입 등 세 가지로 요약할 수 있다. 그 셋 중 어느 하나도 강력한 증거를 제시한 학설은 없다.

지상에 존재하는 탄소 골격을 가진 모든 유기물은 수소를 포함하고 있다. 유기 분자에 수소를 공급하는 물은 실제로 공유 결합 화합물로 넓은 온도 범위에서도 매우 안정된 화합물로 존재하고 있다. 초기 지구의 뜨거운 환경에서도 살아남았고 지구의 온도가 절대 온도 가까이 떨어지는 현재의 우주 공간에서도 파괴되지 않았다. 그런데도 순수한 물(이론적인 물)은 1백만(10^7) 개의 물 분자 중 적어도 한 개의 물 분자는 H^+와 OH로 해리되어 이온으로 존재하고 있다. 그러나 탄산가스가 녹아 있는 지상의 모든 물(지금 막 증류한 물이라도)은 pH 5.6의 산도(탄산의 산도)를 가지게 된다. 이는 탄산이 녹아 있는 자연수의 경우 1만 개의 물 분자 중 약 서너 개의 물이 이온화되어있음을 말하고 있다. 이 때 물속에서 해리된 이온들은 새로운 물질을 만드는 중요한 자원으로 이용되고 있다. 해리된 물 분자는 평형에 있고 화학반응으로 수소 이온이 사라지면 다시 물 분자는 없어진 부분을 보충해 낸다. 이것은 르 샤틀리에(Henry Louis Le Châtelier, 1850~1936)[84] 법칙에 따라 물속에는 항상 H^+와 OH^-의 양이 일정하게 유지되고 있음을 의미한다. 물속에서 생성된 수소 이온과 수산 이온들은 교란받으면 그 교란이 사라지는 방향으로 평형이 이동되기 때문이다. 그에 반해 유기물의 골격을 이루는 탄소는 모두 탄산가스의 화학적 작용으로 거대 분자로 성장한 것들이다. 이 과정에서 불완전한 탄소 분자들의 안정화에 참여하는 것은 물이 분해하여 만들어낸 수소 이온들이다. 따라서 유기물은 탄소가 골격을 갖추면 그 주위 환경은 수소가 탄소의 빈 가지를 채웠다. 예컨대, 탄소 하나가 물속에 나타나면 수소 이온 4개가 그 주위로 다가와 메탄(CH_4)을 만든다.

만약 탄소 둘과 산소 하나로 구성된 골격이 자연에 주어지면 물은 다시 수소 이온 여섯을 제공하여 에탄올(CH_3CH_2OH)을 만든다는 식이다. 이런 형태로 모든 탄소 화합물은 수소 이온에 의해 안정화된 화합물로 존재하게 된다. 이것은 최초의 유기물이 자연에서 합성되었을 때를 가정한 계산법에 따르면 그렇다는 모형을 설명한 것이지 실제는 아니다. 다시 탄산가스로 돌아가면, 탄산가스는 다음과 같은 간단한 반응식을 통해 탄산을 형성하여 산으로 행세한다. 반응식으로 표현하면 탄산가스와 물이 반응하여 탄산을 만들고 같은 조건에서 탄산은 수소 이온과 탄산수소 이온으로 해리한다 (반응식 1). 이것은 다시 탄산 이온을 형성하는 일련의 과정이 일목요연하게 물속에서 진행되고 있다.

(1) $CO_2 + H_2O \rightleftharpoons H_2CO_2 \rightleftharpoons H^+ + HCO_3^- \rightleftharpoons H^+ + CO_3^{2-} \cdots$

(2) $CO_3^{2-} + M_2^+ \rightleftharpoons MCO_3 \cdots$

(3) $CO_3^{2-} + 2M^+ \rightleftharpoons M_2CO_3 \cdots$

현재도 일어나고 있는 이 화학 과정은 물을 약산성으로 만들어 금속 이온과 결합하고 무기염을 형성하는 역할을 하고 있다 (반응식 2, 3). 이 무기염(CO_3^{2-})들의 탄소는 불안전한 공유 결합으로 여러 가지 유기물들의 합성 과정에 제공되고 있다. 탄산이 행하는 이 연속적이고 체계적인 변화는 지상의 모든 생명체를 태동시키고 성장시키는 출발점이다. 물속에서 행해지던 탄소와 산소 그리고 수소로 이루어진 새로운 결합은 생명체의 골격을 구성하는 성분으로 발전하였다. 그에 반해서 공기 중의 질소는 고온과 고압의 에너지를 동반한 번개에 의해 물에 녹아 들어간 수용성 질소 화합물이 형성되었고, 간혹 아미노산이 그 가운데서 발견되었다. 불완전하지만, 아미노산은 분자 상태를 유지하려고 과거에는 없던 새로운 에너지를 사용하였다. 이 새로운 에너지가 바로 생명이었다고 폴 데이비스(Paul Davies, 1946~)는 그의 저서 『생명의 기원(The fifth miracle)』에서 말하고 있다. 그는 최초의 생명 현상을 다음과 같이 제안하고 있다.

"아무도 모르는 일이지만 태고에 아미노산에서 생명으로 전이되는 과정은 처음부터 날카롭고 빠르게 진행되었을 것이다. 생명과 무생물의 구분은 생명체가 대사라는 생명현상을 수행하고 있어 가능했다. 대사는 생명체를 유지하는 과정이며 유기물의 형성과 분해 과정을 동시에 수행하고 있다. 생물은 아미노산이 생성되고 파괴되는 과정을 유지하기 위해 또 호흡이라는 새로운 생존법을 개발하였다. 생명체 속에서 유기물들을 생성하는 과정이 이것을 분해하는 과정보다 앞서면 생명은 유지되고 그 반대는 죽음이다."

흔히 지구를 물의 행성이라 부른다. 태양계의 여러 행성 중 지구는 물을 가지고 있는 유일한 행성이기 때문이다. 원시 지구에서 물(수권, hydrosphere)과 뭍(지권, lithosphere)이 나누어진 후에도 뭍에는 여전히 물속에서 살던 생명체가 올라와 살고 있다. 따라서 물은 모든 생명체의 고향이며 물이 있는 곳이면 어디에나 생명은 있다. 물이 흘러 들어간 바다는 지상의 모든 것을 녹여 담아 삭혀내는 항아리 같은 곳이다. 뭍에서 운반되어 온 미네랄들은 10억 년이라는 긴 시간 동안 서로 섞여 온 바다가 같은 미네랄 이온의 농도를 가지는 염분 일정 성분의 법칙(law of the regular salinity ratio)[85]이 적용되는 오늘의 바다로 진화되었다. 그러므로 모든 생명체는 물에서 태어났고 물과 함께 살다 물과 함께 사라진다. 물은 지표의 약 삼 분의 이(2/3)에 해당하는 크기의 바다에 지구의 물의 97퍼센트를 담고 있다. 육지에 존재하는 단물은 3퍼센트, 그중에서 극 지역과 고산 지대에 분포하고 있는 빙하가 가진 2

퍼센트의 물을 제외하면 지하수와 강과 호수에 약 1퍼센트(단물의 1/4)가 있다. 그 작은 양에 의존해 뭍에는 많은 생명체가 살아가고 있다.

물의 여러 가지 기능 중에는 특히 생명이 관여된 부분이 많다. 그것은 생명체의 고향이 물이기 때문이다. 어디서 어떻게 생명이 시작되었는지에 관한 질문은 아직껏 끝나지 않았다. 폴 데이비스(Paul Davies)는 다시 이렇게 다시 묻고 있다.

"우주에서 인간만이 지각을 가진 유일한 존재인가? 생명은 우연한 사
건에 의한 산물인가? 아니면 심오한 법칙을 가진 산물인가? 우리의 존재
에 대한 어떤 종류의 궁극적인 의미는 존재하는가?"

이러한 질문에 대한 답은 과학이 생명의 생성에 대해서 어떤 것을 밝힐 수 있는가에 달렸다. 그러나 중요한 것은, 아직 이 질문의 답이 없다는 것이다. 원자론이 세상에 알려진 지 2천 5백 년 후에야 그 양자적 실체가 밝혀진 것처럼 과학은 긴 기다림으로 이어지는 곰살궂은 수런거림 같은 것이다.

생명의 탄생에 관한 연구들이 일치점이 없다는 것은 당연한 귀결이다. 왜냐하면 생명의 탄생에 관한 연구는 앞에서도 밝힌 바와 같이 접근 방법의 문제이기 때문이다. 지구 표면의 70퍼센트를 점령하고 있는 물도 그들이 어디에서 왔는지는 아직 많은 부분이 숙제로 남겨져 있다. 하지만 확실한 것은 우리가 일상에서 아무런 생각 없이 사용하고 있는 물은 수억 년 전에 일어났던 어떤 과정을 통해 우리에게 전달된

귀중한 자원이라는 것이다. 물은 아직도 많은 것을 감추고 있는 초월자(overload)이다. 조금 모자라도 안 되지만 넘쳐도 안 된다. 그가 숨기고 있는 것은 마치 생텍쥐페리의 『어린왕자』의 대화와 같다.

> "사막이 아름다운 것은 어디엔가 우물을 감추고 있기 때문이야. 중요한 것은 눈에 보이지 않아. 마음으로 찾아야 해."

그렇다. 원시 지구에서 일어났던 생명의 행적을 찾아 헤매는 과학자의 눈앞에 보이는 것은 아무것도 없다. 아직도 알려지지 않은 원시 지구에서 일어났던 자연이 지나왔던 행적은 그대로 아름다움을 감추고 있는 사막의 모래 밑으로 흐르는 물과 같다. 사막을 가로지르는 대상의 경유지가 오아시스라면 과학자들은 자연의 청량함을 찾아 헤매는 지상의 방랑자들이다. 그러므로 생명이란 태양 에너지를 흡수하여 성장하고 고상한 움직임으로 다른 하나를 창조하고 처음 하나의 종속자로 살다 허공에 그려진 동그라미를 따라 골산으로 사라지는 회오리 같은 것이다.

'순전히 물리학적 관점으로부터 얻은 결론이 실제적인 생물학적 사실들에 잘 부합할 수 있을까?'하는 질문에 그렇지 않다고 힘주어 답할 수 있다. 그것은 생명체는 양자를 움직이는 방식이 아니라, 생명을 운영하는 그들의 방식대로 풀어야 하는 수학을 통해 살고 있기 때문이다. 그 질서는 아직 물리학적 관점에서 접하기는 바위처럼 거대하다.

그러나 물리학자들에게 들린 도구는 아직 작은 바늘이 전부라 할 수 있다. 원자론에서 양자론까지는 2천 5백 년이 걸렸다. 그에 비해 분자 생물학은 이제 막 태동이라고 볼 수 있다. 많은 시간을 기다려야 한다는 것은 경험에서 나온 주장일까? 아마도 수많은 시간을 퍼덕거리며 가야 하는 과학의 길이 그 앞에 있다면 지나친 과장일까?

엔트로피의 별난 질서

생명은 무질서를 질서로 바꾸어 성장하고 질서를 무질서로 바꾸며 살아간다.

식물이 대기 중의 탄산가스로부터 탄소를 고정하여 성장하고 살아가는 과정을 음(-)의 엔트로피라는 별난 질서를 가진 것이라고 슈뢰딩거는 제안한 적이 있다. 그가 주장한 엔트로피의 감소($\triangle S < 0$)가 열역학 제2 법칙에 어긋나는 자연현상임을 천재 물리학자 슈뢰딩거가 몰랐을까? 그렇지는 않겠지만, 이는 모든 식물이 살아가고, 성장하고, 생산하는 전 과정이 자연의 질서를 거슬러 행해진다는 충격적인 지적이었다. 그러나 클라우지우스(Rudolf Julius Emauel Clausius, 1822~1888)[86] 에 의해 제안된 엔트로피 법칙은 시간의 함수로 항상 증가하는 방향성을 가지고 있다. 엔트로피의 출발점은 바로 빅뱅이기 때문이다. 따라서

엔트로피는 시간의 함수로 양(+)의 방향만 흘러야 한다는 우주의 기본 질서를 가지고 태어났다. 그가 운영해 보려는 열역학적 시도는 마치 낯선 시간을 생명 속으로 불러들여 새로움을 창조해 보려는 판타지 같은 생각은 아니었을까? 그러나 그의 제안에서 한가지 빠뜨린 중요한 자연 현상이 있다. 그것은 바로 생명 과정에 참여한 엔트로피는 닫힌계가 아니라는 사실이다. 식물의 나노 공장을 들여다보면 나노 공정의 소재인 탄산가스와 빛에너지는 모두 창공을 나르던 자연계의 소유물이다. 그 어느 것도 나노 공장 내부의 칸막이처럼 촘촘히 막힌 벽 속의 소유물이 아니다. 식물계는 태양이 뿌려주는 빛의 가루(광자)를 흡수하고, 하늘에 흩어진 탄산가스와 소통하는 생명체들이다. 우주를 향해 열려있는 나뭇잎에서 일어나는 생 나노 반응(bio-nano reaction)은 열린계로 우주와 소통하는 에너지 흐름이다. 이것은 어느 한 곳도 막힌 데가 없이 자유 공간이 운영하는 열린계의 과정으로 기계적 엔트로피와는 다르다. 생명체는 먹고 마시고 숨 쉬고 번식하는 모든 변화를 열린계의 엔트로피가 제공하는 에너지로 살아가고 있기 때문이다.

따라서 대사(metabolism) 과정을 통해 살아가는 생명체가 대기로부터 필요한 에너지를 얻어가는 생명 활동을 엔트로피의 역행으로 막는 우(愚)는 옳지 않다. 이 과정의 화학 반응은 생명체가 살아가는 동안 생성되는 음의 엔트로피를 우주와 연결하고 있다. 그렇게 함으로써 엔트로피는 마이너스의 모순(S < 0)에서 벗어나고 있다. 따라서 살아있는 유기체는 계속해서 자체 내의 음(-)의 엔트로피를 주위와 교환하여 양(+)의 엔트로피를 유지하며 살아가고 있다. 빛에너지의 도움으로 무기

물이 유기물로 변화되는 광화학 과정은 나노 시간이라는 매우 짧은 순간에 나노 면적이라는 좁은 공간에서 일어나는 생화학 반응이다. 현재에도 일어나고 있는 이 반응은 모든 생명체가 생명을 유지하기 위한 필수 공정으로 식물이 받아들인 탄소는 글루코스로 먼저 저장되고 그다음 여러 가지 영양소로 다시 전환되어 식물 조직에서 생존을 위해 적절하게 사용되고, 버려야 하는 에너지가 발생하면 대사를 통해 배출해 버린다. 이 윤회 공정은 태초부터 생물에게 주어진 축복이나 다름없다.

여기서 식물이 살아가는 과정을 다시 정리하면, 탄산가스와 물이 엽록소에 공급되고 태양 에너지가 그 위에 빛 가루를 뿌리면 식물은 당을 화학적 방법으로 생산하고 부산물로 산소를 주위로 내보낸다. 이것은 광합성을 통해 무질서도가 큰 탄산가스와 물을 이용해 질서 있고 무질서도가 낮은 글루코스를 생산해 내는 현장, 바로 음의 엔트로피가 발생하는 과정이다. 예컨대, 사과나무는 탄소와 물과 햇빛 그리고 질소 성분이 포함된 영양소와 미량 성분들을 더해주고 농부가 관리하면 열매를 맺는다. 이 과정을 조금 더 들여다보면, 사과는 분명히 대기와 땅으로부터 탄산가스와 물과 영양소를 흡수하여 만들어진 결과물이다. 이 열매는 분명 열역학 제2 법칙을 따르는 시간의 함수에 따라 얻어진 것들이다. 그러나 생산된 사과를 어두운 곳에 두면 더 이상 광합성을 하지 못한다. 그러므로 일순간도 호흡을 멈출 수 없는 사과는 당을 분해하여 탄산가스와 물로 산화되는 역반응이 곧바로 진행된다. 이 경우 사과는 정상적인 엔트로피가 증가하는 기구로 돌아온다. 그러나 이 모든 과정은 열려 있다. 따라서 사과의 생산과 보관 과정은 모두 엔트로피가 증가($S > 0$)하는 과정에 속해 있다. 이것이 자연의 질서이다.

대부분의 물리 법칙들은 통계에 기반을 두고 있다. 이 법칙들은 고도로 분화된 수학적 질서를 따르고 있기 때문이다. 미시 세계의 영역에서 관리되는 많은 현상은 통계적 관찰에 의한 수학적 방법으로만 설명할 수 있다. 기계적 엔트로피를 생물학적 현상에 적용했을 때 그 결과를 유도할 수 있을까? 그 답은 '어렵다'이다. 왜냐하면 물리 법칙들을 생명체에 적용했을 때 일어나는 괴리를 피할 수 없기 때문이다.

생명체 내에서 일어나는 열역학 사건들을 현재는 분명하게 설명할 수는 없지만, 과학은 음의 엔트로피를 열린계의 문제로 인식하고 있다는 것을 위에서도 여러 번 언급했다. 슈뢰딩거는 생명 현상을 '음의 엔트로피를 먹고 사는 존재'라고 정의하였다. 그러나 생명 현상은 엔트로피 법칙을 거스르는 존재가 아니라 함께하는 자연이다.

우주의 본성은 끊임없이 질서에서 무질서로 흐르는 팽창주의자라 할 수 있다. 그러나 생명의 흐름은 무질서에서 질서로 흐르고 있는 것처럼 보일 뿐이다. 한마디로 이 현상만을 두고 보면 생명은 우주의 물리적 질서에 역행하는 것처럼 보인다. 이 현상을 슈뢰딩거는 '생물체를 살아있게 하는 술 취한 질서'라고도 했다. 그러나 식물계가 행하는 생명 현상은 음으로 흐르지도 않고 술에 취하지도 않았다. 식물계의 에너지 변화는 우주를 향해 열려 있는 자연의 흐름일 뿐이다. 엔트로피를 관찰하는 기계는 철저하게 닫힌계의 계산법으로 데이터를 생산해 낸다. 그러나 생명을 나르는 우라노스의 엔트로피는 자연이 그 데이터들을 관리하고 있다. 열린계의 엔트로피는 우주의 팽창과 함께 증가하고 있다. 그 결과 음의 엔트로피는 우주를 향해 열려 있는 열린계로 식물이 행하는 광합성에서 자연스러워질 수 있다. 물리학자들이 제안한 '맥스웰의 악마(Maxwell's Demon)[87]'는 오늘 사과나무에 달린 사과를 마이너스 엔트로피를 먹고 사는 괴물로 만들었다고 말한다.

생명을 자연계의 다른 것과 구별하는 원리는 "혼돈에서 질서를 창조하는 능력"이다. 여기에 작용하는 자연의 흐름을 설명하는 길은 열역학 제2의 법칙이 유일하다. 열역학 제2 법칙은 생명의 본질로, 영구 기관(perpetuum mobile)일 수 없다. 피할 수 없는 낭비가 있고 이 낭비는 계의 에너지를 증가시킨다.

영국의 천문학자 에딩턴 경(Arthur Eddington)은 "열역학 제2의 법칙을 자연의 법칙 중에서 최고의 위치를 차지한 것"이라고 하였다. 생명체의 가치는 생명 분자들의 원자 배열과 운영 방식이 화학의 운영 방식과는 근본적으로 다르다는 데 있다. 화학자들이 물질의 연구에 도입한 접근 방법은 물질의 통계적 데이터를 기준으로 삼고 있다. 그 데이터들은 하나의 온도 조건 아래에서만 일목요연하게 비교 분석 할 수 있다. 그러나 자연이 키워온 거대한 분자들은 자연이 정한 설계도면 위에서 엔트로피라는 열역학 법칙에 따라 운영된 결과로 살아간다. 따라서 자연이 만든 생분자는 거대한 왕궁을 만드는 설계 도면 위에 바탕을 두었다면, 화학과 물리에서 사용하고 있는 분자 하나하나는 왕궁을 만드는 벽돌 조각에 불과하다. 따라서 화학이 제시한 분자를 생명 현상에 접목하는 것은 도시 속의 작은 집을 거대한 궁전과 비교하는 것과 같다.

살아있는 유기체를 구성하고 있는 거대한 분자들은 먹고 마시고 번식하고 숨 쉬는 대사 과정에서는 자연적으로 물질의 교환이 이루어진다. 이 과정에서는 부품의 교환은 자연스럽다. 따라서 살아있는 유기체의 생존에는 계속해서 엔트로피를 증가로 이어져 양의 엔트로피를 만들어 간다. 이제 자연계로 열려있는 기구에서 음의 엔트로피는 그 의미가 희미해지는 것을 느낄 것이다. 이러한 현상을 간과한 슈뢰딩거는 "비로소 모든 지식을 하나의 정체로 짜 맞출 준비가 되었다"라고 하였다. 로마의 철학자 루크레티우스(Titus Lucretius Carus, BC 98~BC 55)가 여섯 권으로 된 『만물의 본성에 관하여(De Rerum Natura)』라는 시를 남겼다. 그가 남긴 원자를 설명하는 책에는 이런 시구(詩句)가 남아있다.

사물들이 무로부터 생겨날 수 없으며 마찬가지로 일단 생겨난 것은 무로 다시 불려갈 수 없다.

- 『사물의 본성에 관하여』, 1권 265행

2천 년 전 인간이 생각하던 원자와 현재 우리가 생각하는 원자와의 차이는 존재하는가? 원자론은 이제 양자의 강을 막 건너왔다. 우리는 거기까지의 시간이 2천 5백 년이나 되었다는 것도 기억해야 한다. 양자 생물학이 언제쯤 양자화학에 버금가는 소리를 낼 수 있을까? 알 수 없는 일이다. 그렇지만 지금 우리가 접하고 있는 원자론은 긴 기다림의 결과라고 힘주어 말하고 싶다.

미주

1) 탈레스(Thales. BC 624 ?~544 ?): 기원전 600년 무렵 고대 그리스 이오니아의 밀레투스(Miletus)지방에서 활동했던 철학자. "만물의 근원은 물이다"라는 주장을 펼쳐서 오늘날까지도 전해지고 있다.

2) 질료(質料): 형상을 갖추면 일정한 것이 되는 사물의 재료

3) 관중(管仲, BC 725~645): 춘추시대 중국의 정치가. 이름은 중(仲), 자는 이오(夷吾)이며 수지(水地) 편에 "물은 만물의 근원(根源)이며 생명의 종실(宗室)이고 형상과 함께 존재하는 원리다"라고 기록하고 있다.

4) 오행설: 모든 물질은 木, 火, 土, 金, 水로 이루어졌다는 오행(木 火 土 金 水)은 서로 순환하며 인접해 있는 것끼리는 살아가고, 하나 건너있는 것끼리는 상생상극을 이룬다는 학설.

5) 사대설: 우주를 구성하는 4가지 원소로 지대(地大), 수대(水大), 화대(火大), 풍대(風大)를 말한다.

6) 상선약수(上善若水): "최상의 선은 물과 같다"라는 뜻으로 노자(老子)의 도덕경(道德經)에 나오는 말.

7) 싯다르타, Siddhartha: 헤르만 헤세(1877~1962, 독일)가 지은 장편 소설(1922). 인도에서 성직자 계급의 아들로 태어난 싯다르타가 석가모니를 만나기 위해 출가한 후 깨달음을 얻게 되는 과정을 그린 소설.

8) 네레우스(Nereus): 그리스 신화에서 나오는 물과 바다의 신.

9) 우주는 지금부터 138억 년 전 '모든 것에 앞선 최초에 상상할 수 없을 만큼 아름다운 불꽃놀이 같은 대폭발'로 한 점에서 출발하였다는 빅뱅론의 제안자는 벨기에의 사제이자 천문학자인 조르주 르메트르(Georges Lemaître, 1894~1966, 프랑스)였다. 그의 대폭발 이론은 처음에는 '원시 원자(primeval atom)의 가설'이라고 불렸고 나중에는 '세계의 시작'이라고도 했다. 그는 1927년에 우주의 팽창이 수학적 표현이 가능함을 알아차리고 허블의 법칙을 유도했다.

10) 『오자하르』: 파울루 코엘류의 대표 장편 소설.

11) 인간의 오감으로 느낄 수 있는 실재적인 모든 것.

12) 루크레티우스(강대진 옮김), 『사물의 본성에 대하여』, 아카넷(2012).

13) 엔스 죈트겐 & 아르미 렐러(유영미 옮김), 이산화탄소 , 자연과 생태(2015).

14) 돌로마이트(dolomite, 백운석): 탄산칼슘과 탄산마그네슘으로 구성된 암석으로 알프스의 돌로미텐 지역에 많이 발견되는 백색 돌. 이 광석은 칼슘에 대한 마그네슘 비율의 변화가 뚜렷해 지구 역사의 측정에 중요한 단서가 되고 있다.

15) 생물학적 광물 생성작용(biological metal accumulation, biomineralization): 생물이 그들의 골격이나 내부 조직에 광물을 형성하는 작용.

16) 마태오복음서, 25장 29절

17) A Man and a Woman(Un homme et une femme, 프)은 클로드 를루치가 감독한 프랑스 영화(1966).

18) 화학량론(stoichiometry): 18세기 말경 V. von Richter가 원소들이 화학 반응을 할 때 원자의 양은 전 반응 동안 보존된다는 사실에 바탕을 둔 이론으로 결합에서 모든 원자는 양자가 정한 규칙에 따른다는 이론.

19) 비화학량론적(non stoichiometric): 일정 성분비의 법칙에 예외적 물질로 고체화학에서 주로 사용되는 반응형식에 이용되고 있다. 고체 물질들은 그 제법과 반응물의 비에 따라 구성 원소들의 질량비가 생성물의 물리적 성질에 영향을 준다는 이론으로 주로 합금과 세라믹의 제법에서 많이 이용되고 있다.

20) 아보가드로수, Avogadro Number, 2.023 × 1023개: 1 mol의 물질 입자 속에 들어 있는 입자의 수를 나타내는 것으로, 처음에는 개체부피의 22.4리터에는 6.02×1,023 개의 알갱이가 들어 있다는 가설로부터 시작되었으나, 현재는 분자뿐만 아니라 이온과 고체 및 액체에도 적용되고 있다. 아보가드로수는 1865년 오스트리아의 로슈미트가 처음으로 결정했다.

21) 보어(Niels Bohr, 1885~1962)의 모형: 원자핵 주변을 도는 전자가 양자화된 불연속적인 일정 궤도만 돌고 있으며, 원자가 특정한 파장의 빛만을 방출하거나 흡수해야 한다는 이론. 이것을 통해 수소 원자의 구조를 설명하였다(1913년).

22) 발머 계열(Balmer series): Holleman & Wiberg, Lehrbuch der anorganischen Chemie, de Gruyter(2007); 발머 계열은 수소 원자의 스펙트럼선 방출을 설명하는 4개 계열 중 하나이다. 발머 계열 이후 다른 3개의 계열도 발견되었다. 1908년 독일의 퍼셴(Louis Paschen)에 의해서 발견한 적외선 계열 (n=3)의 스펙트럼과 1914년 미국의 라이먼 (Theodore Lyman)에 의해서 발견한 자외선 계열 (n=1)의 스펙트럼이 여기에 포함되어 있다. 라이만 시리즈(Lyman series, E= n to 1), 발머 시리즈(Balmer series, E = n to 2), 파쉰 시리즈(Paschen series, E = n to 3), 브리켓 시리즈(Bracket series, E = n to 4)가 설명되고 있는 수소 스펙트럼이다. 여기서 n은 수소가 가지고 있는 에너지로 n=1은 바닥 상태이며, 그 위쪽 에너지는 'n= 2, 3, 4···'로 정의한다.

23) 썰리번(J. W. N. Sullivane)(1886~1937): 과학 작가이자 문학 저널리스트. 아인슈타인의 일반 상대성 이론에 대한 초기 비기술적 설명을 저술했다고 전해지고 있다.

24) 데모크리토스(Demokritos, BC 460?~BC 370?): 고대 그리스 트리케 아브데라(Abdera) 출생으로 레우키포스(Leukippos)의 제자였다. 레우키포스를 고대 원자론의 창시자라 한다면 데모크리토스는 이를 보다 체계적으로 완성한 인물이다. 데모크리토스의 원자론은 다음의 4가지로 요약된다: ① 사물의 특성이 원자들의 형태와 크기와 배열(사물의 일차적 성질) 그리고 이를 받아들이는 사람들의 감각(이차적 성질)에 따라 달라진다. ② 사물의 생성과 소멸에는 원자 즉 존재하는 것에 내재한 불변의 힘이 작용한다. ③ 사람의 영혼과 지성도 원자로 구성되어 있다. ④ 인간의 삶의 최종 목적인 쾌활함 또는 행복함은 원자로 만들어진 혼의 안정된 상태로 정의하고 있다.

25) 연금술사(alchemist): 연금술의 기원은 고대 이집트였다. 로마제국 시대에 알렉산드리아와 그리스에서 출발한 연금술은 제국 전역으로 퍼져나갔다. 그와 동시에 점성술, 신앙과 태양신 숭배가 연금술과 결합하여 더 신비한 기술로 발전하였다. 로마제국의 멸망 후, 연금술은 아라비아 세계에 전해졌다. 연금술사는 자연계에 숨어 지내는 정령을 불러내는 지혜로운 자로 여겨져 그들이 사용하던 수은(메르쿠리우스)과 현자의 돌(엘릭스, elixir)은 의학적 개념을 첨가여 이용되기도 했다. 연금술의 4대 원소는 근본적인 특질에 따라 습(濕), 온(溫), 건(乾), 한(寒)의 네 가지로 표현하였다. 기독교의 탄압 시대가 지나고 과학이 신비를 구축(驅逐)하자 연금술은 속임수 마술이라 하여 사람들로부터 배척되었다. 연금술은 잘못된 시작에서 출발하여 원자의 발견에는 도움이 되지 못했지만, 화학과 합금의 발전에는 크게 도움이 되었던 기술이다.

26) 돌턴(J. Dalton, 1766~1844): 원자론을 실험적으로 증명한 영국의 과학자.

27) 톰슨(J. J. Thomson, 1856~1940): 1856년 12월 18일 맨체스터 교외에서 태어났다. 그는 1897년 그는 음극선(저압 가스로 채워진 유리관 내부의 두 금속판 사이에 전압이 가해질 때 방출되는 복사선)이 전기를 전도하는 입자(전자)로 구성되어 있음을 보여주었다. Thomson은 또한 전자가 원자의 일부라고 하였으며 원자

의 내부구조가 있음을 밝힌 최초의 과학자이다. 그는 1906년 「가스에 의한 전기 전도에 대한 이론적이고 실험적인 연구」라는 논문으로 노벨상을 받았다. 2021년에는 인류에게 가장 큰 혜택을 준 13명의 노벨상 수상자에 선정되었다.

28) 푸른색 유체: 톰슨은 진공관의 음극에 빛을 쪼여주면 파장이 짧은 빛은 약하게 쪼여주어도 전자가 튀어나오지만, 파장이 긴 빛은 빛의 세기를 아무리 세게 해서 오래 쪼여주어도 전자가 튀어나오지 않는다는 사실에 근거하여 전자를 방출시킬 수 있는 가장 작은 진동수를 문턱진동수라고 정의했다. 쪼여준 빛의 파장과 세기는 문턱진동수보다 큰 진동수를 가진 빛을 쪼여주어야 전자가 튀어나올 수 있음을 발견하였다. 그 과정에서 푸른색 유체가 진공관 내부를 흐르는 것은 음극에서 튀어나온 전자가 미량으로 남아있던 기체를 이온화 시켜 나타난 현상으로 지금과 같은 고진공 기술 시대였다면 자칫 전자를 발견할 수 없었을 수도 있다.

29) 존스턴 스토니(George Johnstone Stoney, 1826~1911): 톰슨이 발견한 전자(electron)를 명명함.

30) 러더포드(Ernest Rutherford, 1817~1937): 영국에서 뉴질랜드로 건너간 농부의 아들로 태어나 케임브리지 대학의 캐번디시 연구소에서 유학하고 X선과 방사능 연구에서 성과를 얻어 방사선을 알파, 베타, 감마선으로 분리해냈다. 그의 업적 중 가장 큰 것은 알파입자의 산란으로 원자핵과 전자의 관련성을 발견하였다. 그는 원자에 관한 연구로 1908년에 노벨 화학상을 받았다.

31) 알파 입자(α-particle): 헬륨의 원자핵으로 양성자 2개와 중성자 2개가 결합한 입자. 방사성 동위 원소가 붕괴하는 과정에서 방출되는 헬륨 원자에서 전자가 떨어져 나간 원자핵이다. 알파 입자는 질량수가 4이고 양성자 수가 2인 원자핵이다. 자연 상태에서 방출되기도 하며 높은 에너지 때문에 핵반응의 충격 입자로 쓰인다. 방사선 중 가장 인체에 치명적인 입자이다.

32) 제다이의 귀환(Return of Jedi): 스타워즈 에피소드 편에 나오는 장면.

33) 닐스 보어(Niels Bohr, 1885~1962): 1885년 10월 7일 코펜하겐에서 탄생. 1903년 코펜하겐 대학교에 입학하여 1911년 「금속의 전자론」 논문으로 박사 학위 취득. 1913년 원자 모델을 제시하였고 그 업적으로 1922년 노벨물리학상 수상.

34) 양자적 조건(quantum condition): 보어는 원자핵 주변을 공전하는 전자가 뉴턴역학을 따른다고 생각해 러더퍼드 모형에 다음과 같은 가설을 제안했다. 첫째 원자는 불연속적인 에너지 값으로만 존재한다. 따라서 원자 안의 전자는 특정한 궤도에만 존재한다. 둘째는 전자가 한 상태에서 다른 상태로 변할 때는 전자기파를 방출하거나 흡수한다. 이 가설로부터 만들어진 이론을 보어의 양자론(Bohr's quantum theory)이라 한다.

35) 『사물의 본성에 관하여; De Rerum Natura』: 루크레티우스(BC 94~BC51)의 저서. 그가 주장하던 우주는 원자와 허공으로 구성되어 있으며 어떤 것도 무(無)에서 생성되지 않았다는 것과 사물은 분해를 통해 다시 무로 돌아가지는 않는다는 개념이 그의 사상의 근본에 깔려있다.

36) 슈뢰딩거(Erwin Schrödinger, 1887~1961): 오스트리아 태생의 이론 물리학자로 닐스 보어(Niels Bohr)의 이론인 양자 조건에 만족하지 못해 드 브로이 파(de Broglie wave) 개념을 도입하여 자신이 고안한 파동 방정식의 풀이로 양자역학을 재해석했다. 이 이론으로 폴 디랙과 함께 1933년 노벨물리학상을 받았다. 그는 오스트리아의 통화가 유로화에 편입되기 전 오스트리아의 가장 큰 통화 1,000실링 지폐의 표지 인물이 되기도 했다.

37) 오가네손(Oganesson, Og): 원자번호 118의 기체상(예측)의 원자로 2002년 발견.

38) 존 S. 리그던(박병철 옮김), 『수소로 읽는 현대과학사』, 10쪽, 알마(2007).

39) 등방성 전파(isotropic wave): 우주에서 모든 방향에서 같은 강도로 들어오는 전파. 우주 배경 복사의 등방성은 빅뱅 이론을 입증하는 가장 강한 증거로 활용되었다.

40) 할로 섀플리(Harlow Shapley, 1885~1972): 은하계의 모습과 규모를 추정하고 발표한 미국의 천문학자.

41) 창세기 3장 13절

42) 키랄(chiral): 사람의 손을 마주 보면 닮았지만 겹칠 수 없는 것 같이, 두 화합물이 거울을 통해서만 겹칠 수 있는 현상. 손대칭성이라고도 함.

43) 라세믹체(racemic mixture): 광학 이성질현상이 있는 물질 중 우회전성 화합물(D)과 좌회전성 화합물(L)이 섞여 있는 혼합물.

44) 거울상이성질체(enantiomer)는 입체이성질체(stereoisomer)의 한 종류로 두 분자가 거울상(mirror image)의 관계를 맺는 경우를 말한다. 광학이성질체(optical isomer)라고도 부른다. 비대칭 중심(chiral center)을 가지고 있는 분자들에서 나타나는 이성질체. 거울상이성질체의 반대 경우로 부분입체이성질체(diastereomer)가 있다.

45) 광학 이성질현상(optical isomerism)은 화학적 성질과 물리적 성질은 같으나 광화학적 성질만 달라서 일어나는 이성질현상. 이 물질의 구성은 우회전성 화합물(D)과 좌회전성 화합물(L)이 한 쌍으로 된 이성질체, 즉 거울상이성질체가 존재한다.

46) 탈리도마이드(Thalidomide): 독일의 제약회사 그뤼넨탈(Grünenthal GmbH)에서 1957년 10월에 발매된 진정제. 특히 임산부의 입덧을 완화하는 데 효과가 있어 많은 임신부가 사용하였으나, 이 약을 먹은 산모에게서 태어난 신생아들이 치명적인 부작용이 나타났다.

47) B and A helices are right handed helices. Z-helices is a left handed helix. The B is predominant in aqueous solvent. A-helices is the predominant in non-polar solvent. by P.Y. Bruice, Org. Chem. 1079 page.

48) 에르빈 슈뢰딩거(서인석, 황상익 옮김), 『생명이란 무엇인가?』 (99쪽, 75쪽, 185쪽) 한울엠플러스 2020.

49) 실루리아기(Silurian Period): 4억 4천만 년~4억 1천만 년 전 큰 동물이 물 밖으로 나오기 시작한 시기.

50) 데본기(Devon Period): 고생대 중기에 해당하는 지질시대. 영국 남부의 데본 주(州)에서 지층이 발견됨으로써 명명되었다. 데본계(系)는 육성층인 구적색사암(舊赤色砂岩)층과 해성층인 혈암(頁岩)으로 구성됨. 3억 9,500만 년 전부터 3억 4천5백만 년 전 사이의 약 5천만 년의 시기에 해당함.

51) 에딩턴 경(Sir Arthur Eddington, 1882~1944): 달의 관측을 통해 아인슈타인의 상대성 원리를 증명한 영국의 천문학자.

52) 화성은 태양을 중심으로 넷째 주기에 있는 행성으로 지구보다 작다. 화성의 대기는 지표 부근이 약 0.006기압으로 지구의 약 0.75퍼센트에 불과하다. 대기의 구성은 탄산가스가 약 95퍼센트, 질소가 약 3퍼센트, 아르곤이 약 1.6퍼센트이고, 산소와 수증기를 미량 포함.

53) 금성(Venus): 태양계의 두 번째 주기의 행성. 지구에서 관측할 수 있는 천체 중에서 3번째로 밝은 별. 자전 주기는 243일로, 지구와는 반대 방향으로 자전한다. 공전 주기는 225일이다. 지표의 온도, 459oC, 대류풍은 풍속이 360m/s로 매우 강함. 대기압 92bar.

54) 시아노박테리아(cyanobacterium): 세포 내에 핵이 없는 원핵세포로 이루어지는 원핵생물인 원시 조류의 일종으로 남조류(藍藻類, blue green algae)라고도 한다.

55) 산소가 있어야 하는 생물. 호기성 미생물은 다음과 같은 종류가 있다. 절대호기성 미생물. 성장에 산소가 필요한 미생물. 약호기성 미생물. 대사 작용에 산소가 필요하나, 더 적은 양의 산소가 있어야 하는 미생물 등이 있다.

56) 해면(sea sponges): 간단한 구조의 후생 동물로서, 근육·신경계·소화계·배설계의 분화가 없는 하등 동물.

57) 스트로마톨라이트(stromatolite): 약 35억 년 전 지구상에 출현한 최초의 생물로 단세포 원시 미생물인 남조류(cyanobacteria)에 의해 만들어진 생물. 이 생물의 퇴적 화석은 지구에 생명의 씨가 싹트고 진화해오는 과정을 과학적으로 설명해주는 희귀한 화석이다.

58) 생물학적 광물 생성 작용(biological metal accumulation, biomineralization):생물이 그들의 뼈와 외골격에 광물을 형성시키는 작용.

59) 우라노스(Uranus): 그리스 신화에 등장하는 대지의 여신.

60) 옌스 쥔트겐(Jens Soentgen, 1967~), 아르민 렐러(Armin Reller, 1952~) 저, 유영미 옮김, 『이산화탄소』, 자연과 생태, 2015, 47쪽.

61) 멘델레예프의 계산법은 외삽법(外揷法, extrapolation)으로 규소 원자의 화합물이 가지는 성질과 그다음 주기의 게르마늄의 화합물이 가지는 성질을 그의 계산법에 따라 추적하면 기대치에 거의 접근된 결과를 얻을 수 있었다.

62) 스피노자. 윤리학 2부, 명제 43.

63) 인셉션, 크리스토퍼 놀란 감독의 SF 영화.

64) 김훈, 『라면을 끓이며』, 2015, 문학동네.

65) 싸이프리드(Hartmut Seyfried, 1947~): 슈투트가르트 대학의 지질학 교수. 논픽션 작가.

66) 검은 황금(black money): 석유류의 경제적 효과를 칭하는 말로 그와 반대로 물은 경제적 가치를 인정하여 블루머니(blue money)라 한다.

67) 탈출기, 12장, 1절.

68) 우라노스(Uranus): 그리스 신화에 등장하는 대지의 여신.

69) 프리츠 하버 (Fritz Haber, 1868~1934): 질소와 수소로 암모니아를 합성하는 방법을 개발한 독일의 화학자. 질소비료 개발에 관한 연구로 1918년 노벨 화학상을 수상. 제1차 세계대전 중 독가스 개발로 비난의 대상이 되었던 화학자.

70) 영국 의회 과학기술처(POST): 표 1, 2에서 제시한 데이터의 계산.

71) 메피티스(Mefitis): 로마 신화에 등장하는 유독가스의 여신.

72) 델피의 신탁: 델피는 고대 그리스에서 가장 중요한 신탁이었던 델포이의 신탁이 이루어진 곳. 델포이(Delphoi)의 아폴론 성역은 범 그리스적인 성소로, 기원전 586년부터 그리스 경기 중 하나인 피티아 경기가 열려 4년마다 열리던 곳.

73) 피티아(Pythia): 고대 그리스의 델포이 신전의 무녀.

74) 2007년에 발표된 기후변화국제협의체 (IPCC: Intergovernmental Panel on Climate Change)의 보고서의 자료.

75) 판스페르미아(panspermia): 지구에 생존하는 생명체의 기원이 우주(지구 밖)에서 유입되었다는 가설.

76) 동화(同和, anabolism): 생물이 외부로부터 흡수한 유기물과 무기물을 이용해 필요한 고분자화합물을 합성하는 과정.

77) 이화(異化, catabolism): 생물체가 고분자 유기물을 저분자 유기물이나 무기물로 분해하는 과정.

78) 옌스 쥔트겐(Jens Soentgen, 1967~)은 화학과 철학을 공부하고, 이어 물질의 개념에 대한 논문으로 철

학 박사학위를 받았다. 2002년부터 아우크스부르크 대학 환경과학연구소 수석 연구원으로 활동하고 있으며, 『역사를 바꾼 물질 이야기』 시리즈를 발간했다.

79) 싸이프리드(Hartmut Seyfried, 1947~): 슈투트가르트 대학의 지질학 교수. 논픽션 작가.

80) 후쿠오카 신이치(ふくおかしんいち): 1959년 도쿄에서 태어나 교토대학을 졸업한 일본의 저명한 분자생물학자. 일반 독자들을 대상으로 한 과학서 집필을 통해 대중의 사랑을 받는 인기 도서 작가.

81) 2007년에 발표된 기후변화국제협의체(IPCC: Intergovernmental Panel on Climate Change)의 보고서의 자료.

82) 프린키피아(Principia): 1687년 발표된 라틴어로 쓰인 뉴턴의 대표 저서.

83) 폴 데이비스(고문주 옮김), 『생명의 기원』, 도서출판, 북스힐(2000).

84) 르샤틀리에(Henry Louis Le Châtelier)의 법칙(1884): 열역학적 평형에 관한 법칙으로 화학 평형에서 계의 상태에 교란이오면 그 계는 교란을 완화하는 방향으로 반응이 진행된다는 법칙.

85) 염분 일정 성분의 법칙(law of the regular salinity ratio): 염분의 전체 농도는 지역에 따라 다르지만, 전체 염분 중에서 각각의 염류가 차지하는 구성비는 모두 같다. 영국 군함 챌린저호가 1872년에서 1876년까지 전 대양의 77개 해역을 조사하여 해수 표본을 분석한 결과로 "염분의 농도는 지역에 따라 다르지만, 바닷물 속에 들어 있는 각 염의 비율은 일정하다"라는 법칙.

86) 클라우지우스(Rudolf Julius Emanuel Clausius, 1822~1888): 독일의 물리학자. 열역학 제1 법칙과 제2 법칙 발견. 1850년 열역학 제2 법칙을 그의 논문 열의 기계적 원리(On the mechanical theory of heat)를 발표하였고, 1865년에는 엔트로피 개념 도입.

87) 맥스웰의 악마(Maxwell's Demon)는 1867년에 맥스웰이 고안한 사고 실험과 그에 등장하는 주인공 악마. 맥스웰의 도깨비라는 이름으로도 많이 알려져 있다.